Die
Krankenpflege in der Chirurgie

Praktische Anleitung für Pfleger und Pflegerinnen

Von

Dr. Wolf M. Kreiner
Facharzt für Chirurgie in Graz

VIII, 134 Seiten. 1937. RM 2.70

Inhaltsübersicht:

Die Asepsis. — Die erste Hilfe. — Die verschiedenen Arten der Wunden und Verletzungen. — Die Behandlung der Frisch-Operierten. — Spezielle Pflegeakte. — Die wichtigsten Behandlungsarten. — Vorbereitung zu einigen wichtigsten Behandlungsarten. — Vorbereitung zu einigen wichtigen Eingriffen. — Narkose. — Komplikationen und Gefahren nach Operationen und Verletzungen. — Die wichtigsten chirurgischen Erkrankungen.

SPRINGER-VERLAG BERLIN HEIDELBERG GMBH

Die erste Hilfe bei plötzlichen Unglücksfällen. Ein Leitfaden für Samariter-Schulen in sechs Vorträgen. Von weil. **Friedrich von Esmarch**, Begründer des Deutschen Samariter-Vereins. Neu bearbeitet von Professor Dr. L. Kimmle. 50. Auflage. Mit 320 Abbildungen. IX, 258 Seiten. 1931. Gebunden RM 3.60

Der chirurgische Operationssaal. Ratgeber für die Vorbereitung chirurgischer Operationen. Von **Franziska Berthold †**. In dritter Auflage neu bearbeitet von Professor Dr. **Karl Vogeler**, Leiter der chirurgischen Abteilung des Städtischen Krankenhauses Stettin. Mit 302 Abbildungen. X, 184 Seiten. 1935.
RM 4.50

Die Vorbereitung zu chirurgischen Eingriffen. Von Dr. med. **Joh. Volkmann**, Privatdozent, Oberarzt der Chirurgischen Universitätsklinik zu Halle a. S. Mit 12 Abbildungen. X, 238 Seiten. 1926.
RM 10.80; gebunden RM 11.88

Die Vor- und Nachbehandlung bei chirurgischen Eingriffen. Ein kurzer Leitfaden. Von Dr. **M. Behrend**, Chefarzt des Kreiskrankenhauses in Frauendorf bei Stettin. Zweite Auflage. Mit 5 Abbildungen. VIII, 115 Seiten. 1929. RM 4.32

Narkose zu operativen Zwecken. Von Privatdozent Dr. **Hans Killian**, Oberarzt der Chirurgischen Universitätsklinik Freiburg i. Br. Mit 165 Abbildungen. VIII, 406 Seiten. 1934. RM 24.—; gebunden RM 26.80

SPRINGER-VERLAG BERLIN HEIDELBERG GMBH

HEFTE ZUR UNFALLHEILKUNDE

BEIHEFTE ZUR „MONATSSCHRIFT FÜR UNFALLHEILKUNDE UND VERSICHERUNGSMEDIZIN"

HERAUSGEGEBEN VON PROF. DR. M. ZUR VERTH, HAMBURG

HEFT 23

BEDEUTUNG DES „VORHERIGEN ZUSTANDS" FÜR DIE BEGUTACHTUNG DER FOLGEN VON BETRIEBSUNFÄLLEN

VON

DR. P. RECKZEH

CHEFARZT DER ALLGEM. ORTSKRANKENKASSE DER STADT BERLIN I. R.
LEHRBEAUFTRAGTER FÜR VERSICHERUNGSMEDIZIN UND GUTACHTERTÄTIGKEIT
AN DER UNIVERSITÄT BERLIN
CHEFARZT DES KRANKENHAUSES BIRKENWERDER

SPRINGER-VERLAG BERLIN HEIDELBERG GMBH 1938

ISBN 978-3-662-39240-9 ISBN 978-3-662-40254-2 (eBook)
DOI 10.1007/978-3-662-40254-2

Inhaltsverzeichnis.

                                                            Seite

Einleitung 3

    Bedeutung und Schwierigkeit der ärztlichen Begutachtung. Subjektive Krankheitszeichen. Autoplastisches Krankheitsbild. Ansprüche der Arbeit an den Arbeitenden.

I. Erwerbsfähigkeit, Arbeitsfähigkeit, Invalidität, Berufsfähigkeit, Krankheit   6

    Erwerbsunfähigkeit im Sinne der Unfallversicherung. Jahresarbeitsverdienst.

II. Bedeutung des vorherigen Zustands für die Größe der Unfallgefahr . . . 12

    Bedeutung des vorherigen Zustandes für die Abschätzung von Unfallfolgen: Alter, Geschlecht, erbliche Belastung, frühere Krankheiten und Verletzungen. Zur Zeit des Unfalls vorhandene Krankheiten, Verletzungsfolgen, Gebrechen. Unrechtmäßige Ansprüche auf Grund des vorherigen Zustandes. Ursachenbegriff. Ursächlicher Zusammenhang. Verschlimmerungen.

III. Betrachtungen aus der allgemeinen und speziellen Pathologie zur Frage der Bedeutung des vorherigen Zustands 32

    Infektionskrankheiten, parasitäre Krankheiten. Bösartige Geschwülste. Vergiftungen. Rheumatische Krankheiten. Krankheiten der blutbereitenden Organe. Krankheiten der Drüsen mit innerer Sekretion. Störungen des Stoffwechsels. Avitaminosen und verwandte Krankheiten. Diathesen. Krankheiten der Atmungs-, Kreislauf-, Verdauungs- und Harnorgane. Krankheiten der peripheren Nerven, des Rückenmarkes und Gehirns. Neurosen und ähnliche Erkrankungen. Augen- und Ohren-, Geschlechts- und Hautkrankheiten.

Schlußwort 44

Einleitung.

Ein schwieriges und noch eingehender Bearbeitung harrendes Kapitel der Unfallmedizin ist die Frage der Bedeutung des bei einem Verletzten zur Zeit eines Unfalls vorhandenen Körperzustandes für die versicherungsmedizinische Beurteilung der Unfallfolgen. Nicht nur eine „Vorbeschränkung" der Erwerbsfähigkeit durch einen früheren Unfall kommt hier in Betracht, sondern auch Anomalien, die noch nicht zu einer Minderung der Erwerbsfähigkeit geführt haben aber nun von bestimmendem Einfluß auf die Schwere des Unfalleidens und der dadurch hervorgerufenen Erwerbsbeschränkung sind.

Der im folgenden versuchten Erörterung dieser Fragen sind die deutschen Versicherungsgesetze, grundsätzlichen Entscheidungen, Begriffsbestimmungen und Auslegungen zugrunde gelegt. Da es sich aber hier nicht um die Anwendung gesetzlicher Bestimmungen handelt sondern um allgemeine Fragen der ärztlichen Begutachtung, dürfen diese Darlegungen mutatis mutandis wohl auch allgemein für das Gebiet der Unfallversicherung gelten.

Es besteht nicht nur bei den Versicherten vielfach Unkenntnis darüber, unter welchen Voraussetzungen sie Ansprüche auf Grund der Reichsversicherungsgesetze stellen können; auch bei Ärzten begegnet man zuweilen einer Unklarheit über die allgemeinen Begriffe Erwerbsfähigkeit, Arbeitsfähigkeit, Invalidität, Berufsfähigkeit, deren Kenntnis ja zu einer einwandfreien Begutachtung unerläßlich ist, oder über die medizinischen und versicherungsmedizinischen Voraussetzungen, nach denen die Frage der Erwerbsfähigkeit und des Unfallzusammenhanges bei den einzelnen Krankheitsgruppen und Krankheiten zu beurteilen ist. Dies ist um so auffälliger, als von den etwa 13 Millionen Menschen, die in Deutschland Krankengeld, Renten, Unterstützungen aus öffentlichen Mitteln erhalten, ungefähr 6 Millionen durch eine ärztliche Begutachtung gehen, durch welche die Voraussetzungen der Versicherungsleistungen und ihrer Höhe geprüft werden. Hierzu kommen noch die zahllosen Begutachtungen, durch welche Versicherungsleistungen abgelehnt werden. Da mehr als zwei Drittel unserer Bevölkerung versichert sind, besteht eine außerordentlich große Verantwortung des begutachtenden Arztes gegenüber dem Volksvermögen und dem einzelnen Kranken gegenüber. Für diesen ist ja gewiß die rein medizinische Tätigkeit des Arztes, sein diagnostisches und therapeutisches Können von großer Bedeutung; aber weit schlimmer als die Krankheit selbst ist für viele Kranke deren wirtschaftliche Auswirkung, die Erwerbsunfähigkeit mit all ihren Folgen und Entbehrungen.

Der großen Bedeutung ärztlicher Gutachtertätigkeit steht leider ihre große Schwierigkeit gegenüber, namentlich die einer möglichst gerechten und objektiven Einschätzung der Erwerbsfähigkeit. Leider gibt es keine objektiven Methoden, um die Erwerbsfähigkeit eines Menschen auch nur einigermaßen sicher zu beurteilen. Die sog. objektiven Untersuchungsmethoden unterliegen ja subjektiver Verarbeitung oder Deutung. Die Feststellung des objektiven Befundes, die Prüfung der Funktionen einzelner Organe und Organsysteme, die Prüfung der Ermüdung bei bestimmten Leistungen und bei der eigentlichen Berufsarbeit sagen uns außerdem noch nichts Zuverlässiges über die Minderung der Erwerbsfähigkeit.

Die klinische Pathologie läßt uns die Natur einer Krankheit erkennen, aber nicht immer die Verwertbarkeit der verbleibenden Gesundheit. Ein schwer Gelähmter kann voll erwerbsfähig sein, und ein Neurotischer ohne objektiven Krankheitsbefund erwerbsunfähig. Leistungsprüfungen sind zwar Belastungsproben für eine bestimmte Funktion; aber diese Funktion ist nicht die Leistungsfähigkeit. Wenn man die Ermüdung der Leistung in der Arbeit prüft, so ist diese Ermüdung nur dann ein Maß der Leistungsfähigkeit, wenn sie nicht nur die Funktionsminderung quantitativ mißt sondern wenn man auch qualitativ die Berufsarbeit selbst dabei betrachtet. Eine Prüfung der Muskelleistung am Ergographen sagt nichts über die Leistungsermüdung bei bestimmten Handarbeiten. In vielen Fällen entscheidet ja nicht die Abnahme der Energieerzeugung oder des Wirkungsgrades im Muskel, sondern die Verzögerung, Vergröberung und Entdifferenzierung der Arbeit. Es kann also die Qualität herabgesetzt oder das Tempo verlangsamt werden, gleichgültig, ob die Energieerzeugung gemindert oder vielleicht gar durch Überkompensation gesteigert ist. Um diese Leistungsminderung zu messen, besitzen wir kaum eine objektiv sichere Methode.

Die Beurteilung der Erwerbsfähigkeit eines Kranken wäre leichter, wenn wir uns dabei immer auf objektiv nachweisbare Krankheitszeichen stützen könnten. Man hat zuweilen die Forderung aufgestellt, bei der versicherungsmedizinischen Begutachtung Arbeitsunfähigkeit nur gelten zu lassen, wenn objektive Krankheitserscheinungen ihre Annahme als berechtigt erscheinen lassen. Leider ist es aber nicht möglich, auf die Bewertung oder Mitbewertung **subjektiver Symptome** ganz zu verzichten. Diese müssen sogar vielfach als führende Krankheitszeichen bei der Diagnosenstellung verwertet werden. Vor allem kommt hier der Schmerz in Frage. Beginnende Erkrankung der großen Körperschlagader z. B. kann, ohne daß objektive Veränderungen zunächst nachweisbar sind, zu äußerst heftigen Schmerzen hinter dem Brustbein führen und Arbeitsunfähigkeit bedingen. Koliken der Gallenblase und Nieren, Krisen bei Tabes, Neuralgien des Trigeminus sind weitere Beispiele, die sich beliebig vermehren lassen. Erst spät tritt zuweilen das schmerzverursachende Grundleiden objektiv in Erscheinung, oder es zeigen sich objektive Folgeerscheinungen, wie durch Nichtgebrauch verursachte Muskelatrophie bei Ischias usw.

In einer Reihe von Fällen können wir subjektive Angaben durch objektive Beobachtung kontrollieren, so z. B. die bei elektrischer Reizung auftretenden Empfindungen, die Angaben über das Sehvermögen usw.

Zuweilen ergeben auch Untersuchungen mittels verfeinerter Methoden objektive Krankheitszeichen bei organischen Leiden, die wir bis dahin für funktionelle oder für Neuralgien gehalten haben. Zum Beispiel haben umfangreiche physikochemische Untersuchungen es wahrscheinlich gemacht, daß es sich bei Myalgien vielfach um Veränderungen der Muskelsubstanz handelt, die der mikroskopischen Forschung nicht zugänglich sind und in einer Konsistenzzunahme des Muskelprotoplasmas beruhen (Myogelosen). So schreitet allenthalben durch die klinische Forschung die objektive Untersuchungsmethodik in erfreulicher Weise fort. Zum Beispiel verdanken wir *Brauer*, Hamburg, außerordentlich eingehende und erfolgreiche Bemühungen, die Diagnostik der Lungenkrankheiten durch objektive Untersuchungsmethoden zu verfeinern. Er hat seine Ergebnisse 1932 auf dem Kongreß für innere Medizin in Wiesbaden vorgetragen. Auch die versicherungsmedizinische Beurteilung wird von solchen Arbeiten Nutzen haben. Leider ist aber auch hier häufig eine komplizierte und kostspielige Apparatur notwendig.

Aber nicht nur subjektive Krankheitssymptome sind für die Feststellung der Diagnose und die Beurteilung der Erwerbsfähigkeit zuweilen wichtig, sondern auch die Bewertung des Krankheitsbildes, das sich der Kranke von sich selbst bildet. *Goldscheider* hat diesen Komplex als **autoplastisches Krankheitsbild** bezeichnet. So störend für den Arzt zuweilen bei der Behandlung und Begutachtung das autoplastische Krankheitsbild ist, so wichtig ist andererseits seine Mitberücksichtigung, auch zur Beurteilung der Erwerbsfähigkeit.

Sicherlich ist für das Bewußtsein des Kranken die Krankheit zunächst das, was er von ihr fühlt und wahrnimmt. Der Kranke leidet unter Störungen des Gefühlsvermögens, wie Schmerzen usw., und unter der allgemeinen Empfindung einer Störung seines Wohlbefindens und seiner Arbeitsfähigkeit. Weiterhin nimmt er durch die Sinnesorgane Veränderungen der Beschaffenheit und Funktionen seines Körpers wahr und unterliegt störenden Affekten und Stimmungen. Aus diesen Gefühlen, Empfindungen, Wahrnehmungen und Stimmungen bildet er sich nun zunächst selbst eine Vorstellung über sein Leiden, die seinen Kenntnissen, Erinnerungen, Erfahrungen, überhaupt seiner ganzen Veranlagung entspricht. Dieses Bild führt dann weiterhin zu Erwägungen und Sorgen, die sich nicht nur auf die Heilbarkeit des Leidens sondern auch auf die wirtschaftlichen Folgen, die Arbeitsunfähigkeit, die eigene Zukunft und die der Angehörigen beziehen und dann in einem Circulus vitiosus zu neuen Affekten und Stimmungen und erhöhtem Krankheitsbewußtsein führen, was oft schlimmer ist als die Krankheit selbst.

Nicht nur der behandelnde, sondern auch der begutachtende Arzt muß daher versuchen, sich in das autoplastische Krankheitsbild einzufühlen, um es möglichst richtig zu bewerten. Er wird die Erscheinungen natürlich mit Vorsicht beurteilen und wird sie durch objektive Untersuchung zu verifizieren versuchen. Er wird ferner überlegen, ob der Kranke an der Verwertung dieser Symptome zur Diagnose und Beurteilung ein wirtschaftliches Interesse hat.

Zu diesen Schwierigkeiten kommt diejenige einer ausreichenden Beurteilung der Ansprüche, welche die Arbeit selbst an den Arbeitenden stellt. Wenn wir Ärzte auch noch so oft Gelegenheit suchen, den Arbeiter und die von ihm verrichtete Arbeit an der Arbeitsstelle zu studieren, so bekommen wir doch bei der Mannigfaltigkeit aller Arbeit nur oberflächliche Eindrücke.

I. Erwerbsfähigkeit, Arbeitsfähigkeit, Invalidität, Berufsfähigkeit, Krankheit.

Der begutachtende Arzt muß in der Lage sein, im Einzelfall zu entscheiden, ob Erwerbsfähigkeit, Arbeitsfähigkeit, Invalidität, Berufsfähigkeit anzunehmen ist. Dazu bedarf es zunächst einer genauen Kenntnis der durch Gesetz, Kommentierung und Rechtsprechung festgelegten Begriffsbestimmungen.

Erwerbsfähigkeit im weitesten, übergeordneten Sinne ist die Kraft zu dauerndem, einem sittlichen, vernünftigen Zweck dienenden Arbeiten, welche auf einer Summe von Eigenschaften der betreffenden Person beruht. Erwerbsunfähigkeit im weitesten Sinne ist die persönliche Unfähigkeit, eigene Arbeitskraft zum Erwerb oder zur Ausübung des Berufs zu verwerten, wobei unter „dauernd" ein längere Zeit bleibender Zustand verstanden wird.

Die Reichsversicherungsordnung bestimmt, daß das Krankengeld für die Zeit der Arbeitsunfähigkeit, d. h. für die Zeit gewährt wird, in welcher der Berechtigte durch Krankheit unfähig gemacht wird, seine Arbeit zu verrichten. „Seine" Arbeit ist diejenige Arbeit, auf Grund deren er versicherungspflichtig ist bzw. bei freiwilliger Versicherung die bisherige Beschäftigung. Arbeitsunfähigkeit liegt schon vor, wenn der Versicherte nur unter der Gefahr einer Verschlimmerung seiner Krankheit die bisherige Tätigkeit ausüben kann, falls diese Verschlimmerung in absehbarer, naher Zeit zu gewärtigen und nicht ganz unerheblich ist. Arbeitsunfähigkeit besteht auch dann, wenn der Kranke zwar als „arbeitsfähig" aus einer Heilanstalt entlassen, ihm aber ärztlicherseits „Schonung" auferlegt ist.

Der Begriff „Krankheit" im Sinne der Reichsversicherungsordnung ist ein anderer als nach dem allgemeinen Sprachgebrauch und ist im Einzelfall oft Gegenstand der kassenärztlichen Begutachtung. Unter Krankheit wird ein anormaler, d. h. von der gewöhnlichen körperlichen oder geistigen Beschaffenheit abweichender Körperzustand verstanden, der in der Notwendigkeit ärztlicher Behandlung oder der Anwendung von Heilmitteln oder im Vorliegen von Arbeitsunfähigkeit zutage tritt. Chronische Krankheiten, wie z. B. eine Lungentuberkulose, sind nicht schon deshalb als Krankheit im Sinne der Reichsversicherungsordnung anzusehen, weil mit ihnen eine Minderung der Erwerbsfähigkeit verbunden ist, sondern erst dann, wenn in dem Dauerzustand des Leidens eine Änderung eintritt, welche Heilbehandlung erfordert oder Arbeitsunfähigkeit bedingt. Zur Annahme der Notwendigkeit einer Heilbehandlung reicht hierbei nicht das Bestehen des chronischen Leidens an sich aus, vielmehr setzt diese Notwendigkeit einen krankhaften körperlichen oder geistigen Zustand voraus, bei welchem ohne ärztliche Behandlung oder arzneiliche Versorgung eine Besserung des Leidens ausgeschlossen oder eine Verschlimmerung zu erwarten ist. Es kann daher bei chronischen Krankheiten in versicherungsrechtlichem Sinne ein „krankheitsfreier Zeitraum" vorkommen, obwohl in medizinischem Sinne die Krankheit fortbestanden hat. Ein „einheitlicher Krankheitsfall" bzw. die Fortdauer des früheren Versicherungsfalles sind nicht anzunehmen, wenn der Zustand des

Kranken eine Zeitlang ein solcher gewesen ist, daß er weder der ärztlichen Behandlung noch der Anwendung von Heilmitteln bedurfte noch Arbeitsunfähigkeit bedingte. Für den Kranken und die Krankenkasse ist diese Frage wegen der „Aussteuerung" von besonderer Wichtigkeit. Wir werden also z. B. bei einem Tuberkulösen zwar zur Zeit der Aktivität des Prozesses natürlich eine Krankheit anerkennen, werden aber bei Inaktivität oder Latenz in den beschwerdefreien Zeiträumen, während derer der Kranke seiner gewohnten Arbeit ungehindert nachgehen kann, ohne ärztlicher Behandlung oder der Anwendung von Heilmitteln zu bedürfen, einen krankheitsfreien Zeitraum annehmen müssen.

Ferner wird dem Gutachter häufig die Frage vorgelegt, ob Invalidität im Sinne der Invaliden- und Hinterbliebenenversicherung vorliegt. Als invalide gilt, wer nicht mehr imstande ist, durch eine Tätigkeit, die seinen Kräften und Fähigkeiten entspricht und ihm unter billiger Berücksichtigung seiner Ausbildung und seines bisherigen Berufes zugemutet werden kann, ein Drittel dessen zu erwerben, was körperlich und geistig gesunde Personen derselben Art mit ähnlicher Ausbildung in derselben Gegend durch Arbeit zu verdienen pflegen. Wie hoch der Betrag dieses Drittels anzunehmen ist, wird dem Arzt vielfach bei der Einforderung des Gutachtens mitgeteilt. Nicht die Berufsinvalidität, d. h. die Erwerbsunfähigkeit in dem bisherigen Beruf, kommt also hier in Frage sondern nur die Unfähigkeit, auf dem gesamten Arbeitsmarkt das „reichsgesetzliche Drittel" zu verdienen.

Als Ursachen der Berufsunfähigkeit nennt das Angestelltenversicherungsgesetz das Alter von mindestens 60 Jahren, körperliche Gebrechen oder Schwäche der körperlichen und geistigen Kräfte. Berufsunfähigkeit liegt dann vor, wenn die Arbeitsfähigkeit des Versicherten auf weniger als die Hälfte derjenigen eines körperlich und geistig gesunden Versicherten von ähnlicher Ausbildung und gleichwertigen Kenntnissen und Fähigkeiten herabgesunken ist. Es kommt also hier nicht auf das große Feld verschiedenartiger Betätigung menschlicher Arbeitskraft, sondern auf den bestimmten Beruf (nicht aber auf die spezielle Beschäftigung im Beruf) an.

Der Begriff der Erwerbsunfähigkeit im Sinne der Reichsunfallversicherung ist ebenfalls nicht ganz einfach. Man hat hier zunächst zwischen völliger und teilweiser (in Prozenten anzugebender) Erwerbsunfähigkeit zu unterscheiden. Bei der Beurteilung der Erwerbsfähigkeit darf aber hier nicht allein die bisherige Tätigkeit des zu Entschädigenden zugrunde gelegt werden, vielmehr ist der körperliche und geistige Zustand festzustellen und dann zu erwägen, welche Fähigkeit dem Verletzten zuzumessen ist, sich auf dem Gebiet des gesamten wirtschaftlichen Lebens einen Erwerb zu verschaffen.

Nur die durch den Unfall verursachte Minderung der Erwerbsfähigkeit wird in der Unfallversicherung mit einer Rente entschädigt. Eine Minderung der Erwerbsfähigkeit, die bereits beim Eintritt des Unfalls bestand, muß für die Rentenbemessung außer Betracht bleiben. Daher muß für die Bemessung der Unfallrente von der persönlichen, individuellen Erwerbsfähigkeit des Verletzten, d. h. der Erwerbsfähigkeit, die er zur Zeit des Unfalls besaß, ausgegangen werden. Die Minderung dieser persönlichen Erwerbsfähigkeit durch den Unfall ist entschädigungspflichtig; sie wird für die Rentenbemessung in Hundertsätzen der persönlichen Erwerbsfähigkeit — diese mit 100% eingesetzt — ausgedrückt.

War der Verletzte zur Zeit des Unfalls gesund und voll erwerbsfähig, so hat der Gutachter zu prüfen, ob und in welchem Grade Unfallfolgen diese normale Erwerbsfähigkeit mindern. War aber der Verletzte zur Zeit des Unfalls nicht voll erwerbsfähig, so ist also seine persönliche Erwerbsfähigkeit gleichwohl für die Rentenabschätzung mit 100% anzusetzen und der Gutachter hat zu beurteilen, wieviel der Verletzte hiervon durch den Unfall verloren hat, wie groß also sein persönlicher Schaden ist. Der Verletzte ist also so zu beurteilen, wie er ist, d. h. wie er sich als Träger wirtschaftlich ausnutzbarer Arbeitskraft darstellt. Dabei muß allerdings berücksichtigt werden, daß ein Unfall einen Versicherten, dessen Erwerbsfähigkeit bereits vorher durch ein Leiden oder durch einen früheren Unfall beeinträchtigt war, vergleichsweise schwerer trifft als einen Versicherten, der zur Zeit des Unfalls voll erwerbsfähig war.

Der rechnerische Ausgleich für die nach der Minderung einer 100proz. persönlichen Erwerbsfähigkeit erfolgende Rentenbemessung liegt in der gewerblichen Unfallversicherung darin, daß die Unfallrente nach dem Jahresarbeitsverdienst, den der Verletzte tatsächlich vor dem Unfall gehabt hat, berechnet wird. Da dieser sich in der Regel nach seinem Gesamtzustande richtet, ist er bei einem Verletzten, der schon vor einem Unfall teilweise erwerbsunfähig war, entsprechend geringer.

Wenn ein Versicherter nacheinander mehrere Unfälle erleidet, deren jeder zu einer Einbuße an Erwerbsfähigkeit führt, so ist bei jedem Unfall diese Einbuße besonders abzuschätzen. Für die Rentenberechnung ist also ein jeweilig verschiedener Jahresarbeitsverdienst zugrunde zu legen. Es ist nicht angängig, die

Folgen der verschiedenen Unfälle auf Grund einheitlicher Schätzung in einer Rente zu entschädigen.

Wenn, wie in der Regel in der landwirtschaftlichen Unfallversicherung, als Jahresarbeitsverdienst ein Durchschnittssatz festgestellt wird, so wird für die Berechnung der Rente, falls der Unfall einen zur Zeit des Unfalls schon teilweise Erwerbsunfähigen trifft, dieser Jahresarbeitsverdienst um den Hundertsatz, um welchen seine persönliche (individuelle) Erwerbsfähigkeit geringer ist als die normale, gekürzt. An den Gutachter sind also für diese Fälle folgende Fragen zu richten: 1. Um wieviel Prozent war die verletzte Person bereits vor dem Betriebsunfall in ihrer Erwerbsfähigkeit beeinträchtigt? 2. Welcher Teil (in Prozenten) der unmittelbar vor dem Unfall noch vorhandenen Erwerbsfähigkeit ist durch den Unfall verlorengegangen, wenn diese Erwerbsfähigkeit = 100 gesetzt wird?

Ist ein Leiden durch einen Betriebsunfall verschlimmert worden, so gilt daher das ganze Leiden als entschädigungspflichtige Unfallfolge. Dementsprechend muß der ärztliche Gutachter die Einbuße an Erwerbsfähigkeit abschätzen. Die Einbeziehung des vor dem Unfall vorhandenen Zustandes in die Entschädigung wird eben rechnerisch bei der Bemessung der Rente dadurch ausgeglichen, daß die Rente des Verletzten nach seinem Jahresarbeitsverdienst bzw. nach dem um die zur Zeit des Unfalls schon bestehende Erwerbsminderung gekürzten Durchschnittsjahresverdienst berechnet wird. Geht die durch den Unfall verursachte Verschlimmerung so weit zurück, daß der Zustand zur Zeit des Unfalls wieder erreicht ist, so liegt eine Unfallfolge nicht mehr vor und die Rente kann entzogen werden.

Neben der Gewährung von Krankenbehandlung und Berufsfürsorge soll nämlich dem Unfallverletzten der wirtschaftliche Schaden ersetzt werden, der ihm durch den Unfall zugefügt worden ist. Dieser wirtschaftliche Schaden besteht in der durch die Unfallverletzung verursachten Einschränkung der Erwerbsmöglichkeiten, die ihm vor dem Unfall auf dem allgemeinen Arbeitsmarkt zur Verfügung standen. Es handelt sich also um die Erwerbsmöglichkeiten auf dem allgemeinen Arbeitsmarkt, die der körperlichen, geistigen, wirtschaftlichen und sozialen Persönlichkeit des Verletzten entsprechen, d. h. die sich ihm unter Mitberücksichtigung seiner Ausbildung, Kenntnisse, Fähigkeiten und seiner Lebensverhältnisse zur Ausnutzung bieten.

Die Fähigkeit, diese Erwerbsmöglichkeiten wirtschaftlich auszunutzen oder seine Arbeitskraft auf dem zu Gebote stehenden Arbeitsmarkt zu verwerten, ist die Erwerbsfähigkeit. Sie ist also ein ärztlich-rechtlich-wirtschaftlicher Begriff und bedeutet eine Leistung des menschlichen Körpers als des Trägers wirtschaftlich ausnutzbarer Arbeitskraft. Ist dieser durch eine Gesundheitsstörung (Krankheit, Verletzungsfolgen, Gebrechen) in seiner Leistungsfähigkeit beeinträchtigt, so liegt teilweise oder völlige Erwerbsunfähigkeit vor.

Der ärztliche Gutachter hat bei der Beurteilung der Erwerbsunfähigkeit zunächst vom klinischen Befund auszugehen und zu prüfen, ob und inwieweit die festgestellten Unfallfolgen die Funktionen, die für den Unfallverletzten wirtschaftlich wertvoll sind, aufgehoben haben oder beeinträchtigen. Er wird daher sorgfältig die Funktionen betrachten, die der Verletzte in seiner vor dem Unfall ausgeübten Tätigkeit praktisch verwertet oder ausgebildet hat.

Bestimmte Körperschädigungen wirken im allgemeinen in bestimmtem Maß auf die Erwerbsfähigkeit ein. Hiervon aber abgesehen hängt die Erwerbsunfähigkeit davon ab, ob und in welchem Maße die Gesundheitsstörungen Körperfunktionen beeinträchtigen, die der Versicherte für seine Erwerbstätigkeit besonders braucht.

Wenn es sich um Funktionen handelt, die der Versicherte durch Übung mehr ausgebildet hat, die für ihn daher einen besonderen wirtschaftlichen Wert besitzen, so beeinträchtigt ihre Schädigung die Erwerbsfähigkeit in höherem Grade (z. B. Fingerverletzungen bei einem Feinmechaniker).

Die besonderen Fähigkeiten eines Arbeiters sind aber bei der Schätzung des durch einen Betriebsunfall entstandenen Schadens nur insoweit zu berücksichtigen, als sie bei der Beurteilung seiner gesamten Persönlichkeit für den wirtschaftlichen Wert seiner Arbeitsfähigkeit entscheidend in das Gewicht fallen (Entsch. Reichsversich.amt 20, 113, angeführt von *Breithaupt*, Sechzehn Jahre Reichsversicherungsordnung. München: Verlag für Reichsversicherung G. m. b. H. 1928, S. 243).

Hierbei sind die geistigen Fähigkeiten des Verletzten mit zu berücksichtigen, da ein Körperschaden geringer zu bewerten ist, wenn er durch geistige Fähigkeiten ausgeglichen werden kann (Entsch. Reichsversich.amt 2, 214; angeführt von *Breithaupt*, S. 243).

Andererseits ist die Beschädigung eines schon vor dem Unfall beschädigten und dadurch in seinem Wert für die Erwerbstätigkeit beeinträchtigten Körpergliedes entsprechend geringer zu bewerten (z. B. Verletzung eines steifen Armes).

Besondere Mehrleistung durch Aufwendung außergewöhnlicher Tatkraft soll bei der Beurteilung der Erwerbsunfähigkeit nicht berücksichtigt werden. Dadurch soll ein Anreiz zur völligen Ausnutzung der verbliebenen Arbeitskraft geschaffen und Unbilligkeiten gegenüber Arbeitswilligen vermieden werden.

Jede Unfallbegutachtung verlangt also, zumal da sie immer eine rechtlich erhebliche Unterlage für die Festsetzung der Leistungen oder die Rechtsfindung ist, eine sorgfältige individuelle Beurteilung der Erwerbsunfähigkeit je nach körperlichem und geistigem Zustand, Beruf, Lebensstellung und je nach einer etwa vorangegangenen Schädigung der Erwerbsfähigkeit.

Wenn sich trotzdem in der Verwaltungsübung und Rechtsprechung für die Schätzung der Erwerbsunfähigkeit nach bestimmten Verletzungen gewisse Sätze herausgebildet haben, so handelt es sich hier immer nur um Durchschnittssätze für Regelfälle, in denen vor dem Unfall die Erwerbsfähigkeit nicht beschränkt war und in denen der Unfallschaden in seinen Folgen klar übersehen werden kann. Diese Durchschnittssätze sind also nicht feste Taxen, sondern Richtsätze. Auch im Versorgungswesen sind Anhaltspunkte für die ärztliche Beurteilung der Erwerbsfähigkeit nach dem Reichsversorgungsgesetz aufgestellt worden, die für die Beurteilung der Erwerbsminderung durch Unfallschäden wertvoll und daher auch in der Unfallversicherung gut brauchbar sind.

Insoweit ist also die Bedeutung des vorherigen Zustandes für die Abschätzung der Erwerbsminderung infolge eines Unfalls durch Gesetz und Verwaltungsübung berücksichtigt. Die zur Zeit des Unfalls bereits vorhandene Erwerbsminderung kommt eben rechnerisch bei der Rentenfestsetzung entweder in der Zugrundelegung des persönlichen Jahresarbeitsverdienstes des Verletzten oder in der Zugrundelegung des um den Prozentsatz seiner beim Unfall schon vorhandenen Erwerbsminderung gekürzten Durchschnittsjahresverdienstes zum Ausdruck.

II. Bedeutung des vorherigen Zustands für die Größe der Unfallgefahr und die Abschätzung von Unfallfolgen.

Weit schwieriger ist die Bedeutung des „vorherigen Zustandes" für die Abschätzung der Unfallfolgen selbst abzuschätzen. Seine Teilfaktoren (Alter, Geschlecht, erbliche Belastung, frühere Krankheiten oder Verletzungen, zur Zeit des Unfalls vorhandene krankhafte Veränderungen) sind von wesentlichem Einfluß auf die Schwere und den Verlauf von Unfallfolgen sowie deren Bedeutung für die Erwerbsfähigkeit. Auf Tätigkeit, Beruf und Lebensweise soll nur so weit eingegangen werden, als sie mitbestimmend sind für den zur Zeit eines Unfalls bestehenden Zustand.

Es muß auch untersucht werden, wieweit etwaige zur Zeit eines Unfalls vorhandene krankhafte Veränderungen zu Unrecht mit dem behaupteten Unfall in ursächlichen Zusammenhang gebracht werden, wieweit ,,Verschlimmerungen" solcher Anomalien als Unfallfolgen einzuschätzen sind, also gewissermaßen die Simulation bzw. Aggravation eines Zusammenhanges des ,,vorherigen Zustandes" mit einem Unfall.

Bei allen diesen Betrachtungen sollen hier nur wirkliche Unfallfolgen erörtert werden, nicht aber die seit einigen Jahren dem Schutz der Unfallversicherung unterstellten Berufskrankheiten.

Die beim Eintritt in das versicherungspflichtige Beschäftigungsverhältnis vorhandene körperliche, geistige und psychische Beschaffenheit, die Gesamtperson des Verletzten, ist zunächst von Bedeutung für die Größe der Gefahr des Eintritts eines Unfallereignisses mit seinen Folgen für die Erwerbsfähigkeit.

Die Zahl der Unfälle, welche allein auf äußere Vorgänge und unvorhersehbare Ursachen zurückzuführen sind, ist gering gegenüber der Zahl von Unfällen, bei denen persönliche Faktoren mitwirken. Umgekehrt ist ein persönlicher Faktor, eine Unfalldisposition, selten als alleinige Ursache nachzuweisen.

Die Statistik lehrt, daß zahlreiche Unfälle in den einzelnen Berufen nicht bei einer speziellen Arbeitsverrichtung, sondern bei Handlungen, die die Mehrzahl der Betriebsangehörigen vornimmt, auftreten. Schon die alltägliche Erfahrung zeigt uns, daß manche Menschen, die der Volksmund als ,,Tolpatsche", ,,Pechvögel" und ähnlich bezeichnet, leichter verunglücken als die meisten anderen unter gleichen Bedingungen.

Die Feststellung einer solchen persönlichen, allgemeinen Unfallaffinität ist natürlich für die Unfallversicherung von großer Bedeutung und ist ebenso wichtig wie die Untersuchung der persönlichen Eignung für einzelne spezielle Berufsleistungen oder Berufe.

Hildebrandt, Hagen, und *Ross*, Bochum (Individuelle Unfallaffinität. Veröff. Med.verw. **36**, H. 5. Berlin: Richard Schoetz 1932) haben über diese ,,individuelle Unfallaffinität" Untersuchungen angestellt und betonen ebenfalls, daß die Zahl der allgemeinen Unfälle, die überall im Arbeitsleben auftreten, viel größer ist als die der berufstypischen.

Das Wesen dieser ,,Unfallaffinität" ist schwer zu erfassen. Die verschiedene körperliche Schnelligkeit, Geschicklichkeit, Geistesgegenwart, Aufmerksamkeit und Reaktionsschnelligkeit erschöpfen den Begriff offenbar nicht.

Hildebrandt und *Ross* teilen die Menschen in bezug auf diese Anlagen in „Unfäller" und „Nichtunfäller" ein und haben versucht, diese Gruppen näher zu erforschen.

Die psychologische Anamnese zeigte eine Reihe von persönlichen Merkmalen, die sich bei den Menschen als besonders schwerwiegend und häufig fanden, die bereits mehrere Unfälle erlitten hatten. Diese Merkmale bestanden in hereditärer Belastung, unerfüllten Berufswünschen, häufigem Berufswechsel, negativer Einstellung zur Arbeit, ungünstigen sozialen Verhältnissen, trüber Lebensauffassung und schiefer Einstellung zum Leben überhaupt. Alle diese Faktoren machen uns ja ein häufigeres Unfall-Erleiden verständlich. Bei „Nichtunfällern" wurde festgestellt, daß diese Merkmale nur vereinzelt vorhanden waren und eben nicht die Folgen hatten wie bei den „Unfällern".

Zwischen den „Nichtunfällern" und „Unfällern" stand eine Gruppe von Menschen mit verschiedenartigen Persönlichkeitsbildern ohne deutliche Beziehungen zum Unfall-Erleiden.

Die Disposition zu Unfällen als Folge solcher ungünstigen Verhältnisse liegt darnach verankert in der ganzen Person, ähnlich der Disposition zu anderen Fehlhandlungen.

Diese sog. Unfallaffinität beruht also vorwiegend auf einer angeborenen Beschaffenheit der Psyche und der durch Umwelt und Beruf bewirkten psychischen Einstellung zur Arbeit. Aber auch der körperliche Zustand ist für die Neigung zu Verunglückungen, für die Unfallhäufigkeit von Bedeutung. Während eine konstitutionelle Schwäche an sich keine Erhöhung der Unfallgefahr bedingt, disponieren selbstverständlich alle erheblicheren körperlichen oder nervösen Schwächezustände zu Unfällen, soweit sie die körperliche Sicherheit, Gewandtheit, Schnelligkeit und Aufmerksamkeit beeinträchtigen. Die mannigfachsten Krankheiten, Gebrechen oder Verletzungsfolgen können die Ursache hierfür sein. Als Beispiele für eine hierdurch erhöhte Unfallgefahr seien genannt: Störungen des Seh- und Hörvermögens, der Sensibilität, akute Schmerzzustände, Schwindelerscheinungen aller Art, Bewußtseinsstörungen, Einschränkung der Beweglichkeit der Gliedmaßen, akute Schwächezustände des Herz- und Gefäßsystems.

Um solche Gefahrenfaktoren zu erkennen und damit ihre wirksame Verhütung und Beseitigung zu ermöglichen, bedarf es zunächst einer sorgfältigen Anamnese, der ja ganz allgemein in der Klinik mit Recht wieder mehr Beachtung geschenkt wird. Für die Erkennung mancher Anomalien ist sie wichtiger als der objektive Befund. Namentlich die Erkennung der in der Lebensweise (Alkoholmißbrauch, Suchten, berufliche Überanstrengung), früheren Krankheiten (Krämpfe, Ohnmachten), subjektiven Beschwerden (Schwäche, Schwindel, Schmerzzustände) liegenden Gefahrmomente erfordert eine eingehende Anamnese. Für die objektive Untersuchung sind alle verfügbaren Methoden anzuwenden, um körperliche, nervöse oder psychische Anomalien festzustellen, wobei die Möglichkeit der Aggravation, Simulation und Dissimulation immer zu bedenken ist.

Mit dem weiteren praktischen und wissenschaftlichen Ausbau der einschlägigen diagnostischen und prognostischen Hilfsmittel wird es vielleicht gelingen, die persönliche Unfallneigung sicherer zu erkennen und für die Unfallverhütung zu verwerten.

Eine akute Affinität zu Unfällen schafft die akute Alkoholvergiftung, der Rausch. Seine Erkennung ist für die Frage, ob jemand einen Unfall und die dadurch bedingte Erwerbsunfähigkeit selbst verschuldet hat, wichtig. Nicht immer reichen zur Beurteilung die Angaben des Verunglückten oder der Zeugen aus, nicht immer läßt das Verhalten des Verletzten oder ein Foetor alcoholicus zur Zeit des Unfalls sichere Schlüsse zu.

Ein wertvolles objektives Zeichen der Trunkenheit ist eine hohe Alkoholkonzentration im Blut. *E. M. P. Widmark* (Die theoretischen Grundlagen und die praktische Verwendbarkeit der gerichtlich-medizinischen Alkoholbestimmung. Berlin u. Wien: Urban u. Schwarzenberg 1932) hat eine einfache Methode beschrieben, die an einigen Tropfen Blut die Bestimmung der Alkoholkonzentration gestattet und darnach die ungefähre Berechnung der genossenen Alkoholmenge aus diesem Wert, der Zeit zwischen Alkoholgenuß und Blutentnahme und dem Körpergewicht des Untersuchten. Bei einer Alkoholkonzentration von $2,7^0/_{00}$ oder mehr ist ein Alkoholrausch als bewiesen anzusehen, eine „Alkoholbeeinflussung" schon von $2^0/_{00}$ aufwärts.

Wenn wir sodann die Bedeutung des vorherigen Zustandes für die Abschätzung der Unfallfolgen untersuchen, so müssen wir versuchen, jenen Zustand zu analysieren.

Zunächst ist für die Beurteilung der Unfallfolgen das Alter des Verletzten von Bedeutung. Die Minderung der Erwerbsfähigkeit durch Altersveränderungen kommt ja in denjenigen Bestimmungen der Versicherungsgesetze selbst (Buch 4 der Reichsversicherungsordnung, Angestelltenversicherungsgesetz) zum Ausdruck, nach denen der Anspruch auf Leistungen schon durch Erreichen einer bestimmten Altersgrenze gegeben ist. In der Krankenversicherung ist zu beachten, daß Alterserscheinungen an sich nicht eine Krankheit im Sinne der RVO. darstellen, sondern erst dann, wenn sie ärztliche Behandlung oder die Anwendung von Heilmitteln erfordern oder Arbeitsunfähigkeit bedingen.

In der Unfallversicherung kann man beim Alter von 65 Jahren in der Regel wohl eine Einschränkung der Erwerbsfähigkeit um mindestens 20%, beim Alter von 70 Jahren um mindestens 40% annehmen. Immer aber ist der Beurteilung der gesamte körperliche und geistige Zustand des Verletzten zugrunde zu legen. Besondere Beachtung erfordert hierbei der Befund am Herz-Gefäßsystem: L'homme a l'âge des ses artères. Natürlich ist der Einfluß von Altersveränderungen je nach den Ansprüchen des dem Verletzten offen stehenden Arbeitsmarktes verschieden. Ein Kranker mit Altersrheumatismus der Kniegelenke oder erheblichem Altersemphysem ist hierdurch in seiner Beweglichkeit und körperlichen Leistungsfähigkeit behindert und deshalb z. B. für Botendienste, Transport- und ähnliche Arbeiten in höherem Grade erwerbsunfähig als für eine leichte Tätigkeit im Sitzen. Ein Altersschwacher mit Arteriosklerosis cerebri ist besonders zu den Tätigkeiten mehr oder weniger unfähig, die Ansprüche an das Gedächtnis, die Merkfähigkeit, die Intelligenz stellen, oder bei denen Schwindelanfälle oder Bewußtseinsstörungen den Kranken oder andere Menschen gefährden würden (Maschine).

Je älter ein Verletzter ist, um so schwerer sind bei ihm die Unfallfolgen bezüglich der Erwerbsfähigkeit zu bewerten, weil die anatomische und funktionelle Heilung mit zunehmendem Alter ungünstiger und langsamer erfolgt. Je älter ein Verletzter ist, um so schwerer und unvollkommener kann er sich ferner an Unfallfolgen gewöhnen, so daß eine Anpassung und damit eine Besserung der Unfallfolgen nicht ebenso leicht angenommen werden kann wie bei jüngeren Verletzten. Diese sind viel leichter in der Lage, sich Unfallfolgen anzupassen, so daß bei erneuter Rentenbegutachtung hier eher die Frage der Gewöhnung und Anpassung an die Unfallfolgen und damit einer Erhöhung der Erwerbsfähigkeit zu bejahen sein wird.

Endlich ist das Lebensalter von Bedeutung, wenn eine Kapitalabfindung in Frage kommt und deshalb zu prüfen ist, wie die voraussichtliche fernere Lebensdauer des Verletzten beurteilt werden muß. Die „Lebenserwartung" ergibt sich aus den Sterbetafeln, die nach Alter und Geschlecht aufgestellt sind, unter Berücksichtigung der im Einzelfall als lebenverkürzend anzusehenden Veränderungen.

Das Geschlecht ist natürlich auch sonst von Einfluß auf die Beurteilung der Erwerbsfähigkeit Verletzter. Die Erwerbsfähigkeit eines Mannes oder einer Frau wird durch die gleichen Unfallfolgen ganz verschieden beeinflußt, schon je nach der Verschiedenheit der Tätigkeit und des Arbeitsmarktes.

Eine erbliche Belastung, die anamnestisch bei einem Verletzten festzustellen ist, beeinflußt die Begutachtung der durch Unfallfolgen herbeigeführten Erwerbsunfähigkeit nur wenig. Das Vorkommen schwerer Geistes- oder Nervenkrankheiten in der Familie verschlechtert zwar die Lebensprognose und läßt im Einzelfall vielleicht auch eine verminderte Widerstandskraft gegenüber körperlichen und psychischen Traumen erwarten, wozu auch chirurgische Eingriffe, Narkosen, Streitigkeiten usw. gehören, ist aber ohne unmittelbaren Einfluß auf die durch Unfallfolgen bedingte Erwerbsminderung. Wohl noch mehr ist bei der Disposition zur Tuberkulose eine verminderte Widerstandsfähigkeit gegenüber allerlei Schädlichkeiten zu erwarten. Eine familiäre Disposition zu Krankheiten des Herz-Gefäßsystems, zu Stoffwechselkrankheiten, wie Gicht und Diabetes, zu rheumatischen Krankheiten ist von geringerer Bedeutung für die Beurteilung der Erwerbsunfähigkeit nach Unfällen. Familiäres Vorkommen von Krebs ist hier insofern zu erwähnen, als sich zuweilen in Narbengeweben Krebs entwickelt. Ähnliche Erwägungen gelten für die selteneren Fälle sonstiger hereditärer Belastung. Bei Abfindungsfragen ist hier eine etwaige Verschlechterung der Lebenserwartung zu bedenken. Die Frage der Bedeutung einer zur Zeit des Unfalls vorhandenen Krankheitsdisposition für den ursächlichen Zusammenhang zwischen Krankheit und Unfall scheidet für unsere Betrachtung aus. Es ist hier immer zu prüfen, ob der Unfall als wesentlich mitwirkende Ursache anzusehen ist.

Wenn man die Bedeutung des vor einem Unfall vorhandenen körperlichen Zustandes für die Beurteilung von Unfallfolgen betrachtet, so sind weiterhin die früher durchgemachten Krankheiten und Verletzungen zu erwähnen. Soweit zur Zeit des Unfalls noch Erscheinungen und Folgen solcher Krankheiten oder Verletzungen nachweisbar sind, wird ihre Bedeutung später erörtert werden, ebenso etwaige Folgeerscheinungen von Schädlichkeiten des Berufes oder der Lebensweise (Überanstrengungen, Erkältungen, Bewegungsmangel, Entbehrungen, Alkohol-, Tabakmißbrauch, Gifte, Staub, unhygienische Lebensweise usw.).

Frühere Krankheiten und Verletzungen, Schädigungen durch ungesunde Lebens- oder Berufsverhältnisse können aber, ohne daß zur Zeit eines Unfalls noch Folgeerscheinungen nachweisbar sind, doch zu einer höheren Einschätzung von Unfallschäden Veranlassung geben. Sie können eine verminderte Widerstandsfähigkeit des Befallenen herbeiführen, wie z. B. schwere, erschöpfende innere Krankheiten, schwere Sepsis, schwere innere oder äußere Blutungen, gewerbliche oder sonstige Intoxikationen, Rauschgiftmißbrauch, schwere Verletzungen mit langem Krankenlager u. v. a.

Zuweilen ist eine solche verminderte Widerstandsfähigkeit ohne weiteres erkennbar, oft auf den ersten Blick. Ernährungs- und Kräftezustand, Beschaffenheit der Muskulatur, Farbe der Haut und Schleimhäute, Haltung, Gang, überhaupt der ganze äußere Eindruck sind oft sehr bezeichnend.

Auch objektiv läßt sich, ohne daß entsprechende anamnestische Angaben vorliegen, das frühere Überstehen mancher Krankheiten und Verletzungen nachweisen oder vermuten. Es sei nur erinnert an spezifische Agglutinationsproben, an die WaR., an Blutbefunde nach Malaria, an den röntgenologischen Nachweis alter Tuberkulose oder eines ehemaligen Magendarmgeschwürs oder alter Verletzungen, Steckschüsse usw.

Abgesehen von dem Zurücklassen einer verminderten Widerstandskraft sind frühere Krankheiten auch in mancher anderen Beziehung wichtig für die Beurteilung von Unfallfolgen. Sie können ein vorübergehendes Zutagetreten, ein Manifestwerden einer sonst latent vorhandenen chronischen Krankheit oder Krankheitsbereitschaft sein. Hämophilieblutungen, die früher beobachtet wurden, lassen z. B. die Heilungsaussichten von Verletzungen parenchymatöser Organe oder Schleimhäute ernster, die Gefahr erneuter Blutungen größer erscheinen. Fieberanfälle, Nierenreizungen, Gelenkaffektionen können auf einen Streptokokkenherd, z. B. in den Tonsillen oder Zähnen, aufmerksam machen, aus dem ein gelegentliches Ausschwemmen von Eitererregern in die Blutbahn und deren Ansiedlung in zertrümmertem Gewebe erfolgen kann. Frühere Venenerkrankungen bedingen erhöhte Gefahr bezüglich einer Thrombose oder Embolie nach schweren Verletzungen und den durch diese notwendig werdenden Operationen.

Auch die Neigung zum Rezidivieren ist zu bedenken. Wiederholte Anfälle von Gelenkrheumatismus würden traumatische Gelenkveränderungen ungünstiger erscheinen lassen, zumal es außerordentlich schwer ist, wenn einmal ein solches Rezidiv zu Gelenkverletzungsfolgen hinzutritt, zu entscheiden, was als Unfallfolge anzusehen und zu entschädigen ist. Ist, um noch ein Beispiel anzuführen, bei einem Verletzten als Unfallfolge eine Fistel zurückgeblieben, so ist deren Einfluß auf die Erwerbsfähigkeit ernster zu beurteilen, wenn etwa der Kranke Neigung zu häufigen Rezidiven von Erysipel hat.

Anamnestisch festgestellte frühere Krankheiten können endlich auch symptomatische Bedeutung haben und dem Gutachter wichtige Hinweise auf bestehende Krankheiten geben. Eine Retinitis kann zu einer sorgfältigen Berücksichtigung des Nierenbefundes, Schmerzanfälle zu einem Verdacht auf Tabes führen. So sind oft Krankheitserscheinungen als Frühsymptome einer Krankheit (Präsklerose, Prädiabetes) zu deuten, welche Unfallfolgen ernster erscheinen läßt.

Insofern also müssen wichtigere frühere Erkrankungen mit zu dem zur Zeit eines Unfalls vorhandenen Körperzustand gerechnet werden, der bei der Begutachtung von Unfallfolgen zu berücksichtigen ist. Bestimmte Prozentsätze der hierdurch bedingten Erwerbsminderung anzugeben, ist natürlich fast unmöglich. Aber die Zahlen für die Erwerbsminderung schwanken ja häufig innerhalb ziemlich weiter Grenzen, und hier wird man die genannten erschwerenden Faktoren zu berücksichtigen haben.

Gehen wir nun zu den Fällen über, in denen **krankhafte Veränderungen oder Störungen** (Krankheiten, Verletzungsfolgen, Gebrechen) **vorhanden sind und nun ein Betriebsunfall neue Schädigungen setzt.**

Ein Verletzter, der schon vor seinem Unfall durch Krankheit oder Gebrechen in seiner Erwerbsfähigkeit beschränkt war, wird durch den Unfall in der Regel schwerer geschädigt und damit auch in seiner Erwerbsfähigkeit in höherem Grade beeinträchtigt als ein bis dahin gesunder und voll leistungsfähiger Versicherter. Diesen Standpunkt vertritt auch das Reichsversicherungsamt.

Aus Anlaß der Abmessung einer durch Verletzung der linken Hand verursachten Verminderung der Erwerbsfähigkeit hat das Reichsversicherungsamt in einer Rekursentscheidung vom 8. I. 1889 folgendes ausgeführt:

„Da der Verletzte schon durch einen früheren Unfall den linken Unterschenkel verloren hat, welchen er durch ein künstliches Bein ersetzt, so erscheint er durch den hier in Rede stehenden Unfall in seiner Erwerbsfähigkeit in höherem Grade als ein gesunder Arbeiter geschädigt."

In dieser Rücksichtnahme auf den durch den früheren Unfall bedingten körperlichen Zustand des Klägers liegt keineswegs eine Entschädigung für den früheren Unfall, vielmehr hält sich diese Rücksichtnahme in den Schranken der Abmessung des Grades der Erwerbsunfähigkeit, welche dem Kläger nach dem Unfall, um den es sich gegenwärtig handelt, verblieben ist. Die durch den früheren Unfall verminderte Erwerbsfähigkeit drückt sich in dem Lohn aus, den Kläger bis zu dem letzten Unfall erhielt; die gegenwärtig zugesprochene Rente entspricht jenem infolge der verminderten

Erwerbsfähigkeit verminderten Lohne. Wenn somit die Rente von einem niederen Lohn zu berechnen ist, — und darin liegt ein Vorteil für die Genossenschaft —, so ist andererseits zu berücksichtigen, welchen Einfluß der neuerliche Unfall auf den durch den früheren Unfall bereits geschädigten Körper des Klägers und seine gesamte Erwerbsfähigkeit ausübte — und darin liegt allerdings ein Nachteil für die Berufsgenossenschaft. Verliert ein Einäugiger durch einen Betriebsunfall sein letztes Auge, so ist die Rente zu bemessen nach dem Arbeitsverdienst des Einäugigen, aber im Betrage von $66^2/_3\%$ dieses Arbeitsverdienstes. Denn der Verlust des einen, letzten Auges raubte dem Einäugigen 100% seiner nach dem Verlust des ersten Auges ihm verbliebenen — wenn auch gegen früher geschmälerten — Erwerbsfähigkeit. So hat im vorliegenden Falle die Verletzung der linken Hand den ohnehin bereits beschränkt erwerbsfähigen Kläger schwerer getroffen, als wenn er im Besitze beider Augen wäre. Diese schweren Folgen des Unfalls muß die Berufsgenossenschaft vertreten.

Die Erfahrungsprozentsätze, wie sie die Rechtsübung für gewisse häufig wiederkehrende Schäden herausgebildet hat, können daher auch nur für bisher normal erwerbsfähige Arbeiter unverändert gelten.

Besonders schwer werden die Versicherten durch einen Unfall betroffen, bei denen vor dem Unfall bereits für die körperliche und geistige Leistungsfähigkeit wichtige Körperorgane (Sinnesorgane, Gliedmaßen usw.) geschädigt waren. Der ärztliche Gutachter muß daher derartige vorherige Körperschädigungen bei der Schätzung des Grades der durch Unfallfolgen bedingten Erwerbsunfähigkeit sorgfältig berücksichtigen. In besonderem Maße gelten diese Erwägungen, wenn paarige Organe oder korrespondierende Extremitäten nacheinander geschädigt worden sind.

Wenn z. B. jemand wegen Erblindung eines Auges nach erfolgter Gewöhnung eine 25 proz. Rente erhält und nun einen zweiten Unfall erleidet, der ihn auch auf dem anderen Augen erblinden läßt, so wäre eine weitere Entschädigung von 25% ungerecht. Der Verletzte ist vielmehr, wie erwähnt, nun völlig erwerbsunfähig, wird also in höherem Maße für den zweiten Unfall entschädigt, als ein bis dahin Gesunder bzw. Unfallverletzter.

Dem Verletzten aber, der für den Verlust oder die Beschädigung eines Auges eine Rente bezieht, muß eine Erhöhung seiner bisherigen Rente versagt werden, wenn er nicht als Unfallfolge, sondern unabhängig von dem Unfall das andere Auge verliert; denn hier liegt ja keine Verschlimmerung der Unfallfolgen selbst vor (Grundsätzliche Entscheidung des Reichsversicherungsamts 1955, Amtl. Nachr. Reichsversich.amt **1902**, 560, angeführt von *Martineck* u. *Kühne*, Berlin. — Einführung in die deutsche Sozialversicherung und Kriegsbeschädigtenversorgung. Ein Leitfaden für Ärzte, Studierende der Medizin und für den sozial-medizinischen

Unterricht, erschienen in Arbeit und Gesundheit, eine Schriftenreihe zum Reichsarb.bl., hrsg. von Prof. Dr. *Martineck*, S. 221. Berlin: Reimar Hobbing 1932).

Ebenso ist nach eingetretener Besserung des verletzten Auges die Rente herabzusetzen, auch wenn das Sehvermögen des unverletzten Auges inzwischen unabhängig von dem Unfall abgenommen hatte (Gr. Entscheidung 2462, Amtl. Nachr. Reichsversich.amt **1911**, 392, a. a. O.).

In allen Fällen, in denen ein neuer zu einem früheren Unfall hinzutritt, ist übrigens eine besonders vorsichtige Prüfung der Frage erforderlich, ob der neue Unfall als mittelbare Folge des früheren anzusehen ist.

Der Versicherungsträger hat den Verlust eines bereits vor dem Unfall erblindeten Auges zu entschädigen, wenn die Sehfähigkeit dieses Auges durch einen ärztlichen Eingriff teilweise hätte wieder hergestellt werden können (Entsch. Reichsversich.amt 13, 149; angeführt von *Breithaupt*, S. 237).

Ähnlich liegen die Verhältnisse bei Schädigungen des Hörvermögens. Während bei einseitiger völliger Ertaubung in der Regel eine Erwerbsminderung von 10—25% angenommen wird, so kann, wenn durch einen Unfall bei einem einseitig Ertaubten nun das Hörvermögen des zweiten Ohres völlig verlorengeht, eine Erwerbsminderung bis etwa zu 75% in Betracht kommen. Gleiche Erwägungen gelten bei korrespondierenden Gliedern, die nach Verletzungen ausgleichend für einander eintreten können. Eine Handverletzung z. B. trifft einen Versicherten, der bereits früher eine Verletzung der anderen Hand erlitten hatte, schwerer als einen Gesunden, weil die andere Hand nicht in gleichem Maße wie beim Gesunden zum Ausgleich der Funktionen herangezogen werden kann.

Man muß in solchen Fällen immer fragen, ob das ausgleichende Eintreten anderer Körperorgane oder -funktionen aufgehoben oder vermindert ist gegenüber Unfällen Gesunder.

Umgekehrt sind aber auch Fälle möglich, in denen ein Betriebsunfall, der einen schon Geschädigten trifft, eine geringere Erwerbsminderung zur Folge hat, als wenn er einen Unversehrten getroffen hätte. Wenn jemand z. B. infolge teilweiser Lähmung des linken Armes diesen Arm zur Ausübung seiner Tätigkeit kaum benutzt und nun eine Verletzung dieses Armes erleidet, so wird die Erwerbsminderung durch diese Verletzung geringer sein als bei einem vorher gesunden und zur Arbeit voll gebrauchten Arm.

Eine Summierung der üblichen Entschädigungssätze kommt selbstverständlich auch nicht in Betracht, wenn beim Verlust korrespondierender Glieder die Summe 100 überschreiten würde. Ein Verlust der rechten Hand wird z. B. in der Regel mit 50—80% Erwerbsminderung, der linken mit 50—70% bewertet, ein Verlust beider Hände natürlich höchstens mit 100%.

Wenn es sich um lebenswichtige innere Organe handelt, ist die Verantwortung des ärztlichen Gutachters besonders groß. Nehmen wir z. B. an, es beziehe jemand wegen Verlustes einer Niere eine Unfallrente von 15—30% und erleide nun eine mit geringen Schmerzen und geringer Albuminurie verbundene Kontusion der anderen Niere. Während eine solche Kontusion bei einem Gesunden mit etwa 20—40% Erwerbsminderung bewertet werden würde, trifft sie den schon durch Verlust einer Niere Geschädigten ungleich schwerer, weil sie ihn ja zu viel größerer Schonung und Vermeidung der Gefahren der Arbeit zwingt.

Diese Erwägungen gelten nun aber nicht nur für paarige Organe oder korrespondierende Glieder und auch nicht nur für frühere Verletzungsfolgen. Vielmehr können alle schwereren Verletzungsfolgen und alle Krankheiten oder Gebrechen in mannigfacher Hinsicht die Folgen eines hinzutretenden Betriebsunfalles verschlimmern, zunächst dadurch, daß sie die für die Arbeit nötige körperliche und geistige Beweglichkeit und Sicherheit verringern und — je nach den Ansprüchen der Arbeit — die Gewandtheit mindern. Bei Verminderung des Hör- oder Sehvermögens oder bei Neigung zu arteriosklerotischen Schwindelerscheinungen wird ein Arbeiter, der eine wichtige Maschine bedient, z. B. durch den Verlust eines Armes schwerer betroffen als ein vorher gesunder Arbeiter.

Aber nicht nur eine verminderte körperliche und geistige Gewandtheit, Beweglichkeit und Sicherheit kommen hier in Betracht. Die Verschlimmerung von Unfallfolgen durch den „vorherigen Zustand" kann auf den verschiedensten Ursachen beruhen.

Vorherige Unfallfolgen und krankhafte Zustände können die allgemeine Widerstandsfähigkeit des Körpers herabsetzen und dadurch Schwere und Verlauf von neuen Unfallfolgen beeinflussen, sie können sekundäre Infektionen und den Eintritt anderer Komplikationen erleichtern, Operationen, Narkosen und andere Eingriffe gefährlicher gestalten, durch langdauernde, erzwungene Ruhe die Heilung von Unfallfolgen erschweren, die Lebenserwartung verschlechtern usw.

Wenn eine schon vor dem Unfall bestehende Krankheit erst durch das auf den Unfall folgende Untersuchungsverfahren dem Kranken zum Bewußtsein kommt, so wird diese Krankheit zwar nicht durch Unfallrente besonders entschädigt, das Krankheitsbewußtsein kann aber den erwerbsmindernden Einfluß der eigentlichen Unfallfolgen verstärken. Wenn z. B. jemand einen Betriebsunfall erleidet, der eine Magenverletzung zur Folge hat, und durch die ärztlichen Untersuchungen erfährt, daß er außerdem an Magenkrebs leidet, so kann dieses Sichbewußtwerden die Schwere und den Verlauf der Verletzungsfolgen ungünstig beeinflussen, so daß hierdurch eine höhere Einschätzung der Erwerbsminderung erforderlich ist.

Zahlenmäßig, durch bestimmte Prozentsätze der Erwerbsminderung, die zu den üblichen Durchschnittssätzen hinzugezählt werden müssen, eine Verschlimmerung von Unfallfolgen durch den ,,vorherigen Zustand" auszudrücken hat große Schwierigkeiten. Wir werden sie aber doch einschätzen müssen. Ferner werden wir in solchen Fällen nicht so leicht und nicht so schnell eine Besserung durch Gewöhnung und Anpassung annehmen, die zu einer Herabsetzung der Rente führen würde. Endlich muß auch ein etwa lebenverkürzender Einfluß solcher vorheriger Anomalien bedacht werden, wenn es sich um die Frage einer Abfindung handelt.

Ein Wegfall dieser die Unfallfolgen verschlimmernden vorherigen Krankheitszustände wird natürlich auch zu einer günstigeren Beurteilung im obigen Sinne führen. Dabei ist aber zu bedenken, daß eine Besserung im Sinne des Gesetzes, die eine Rentenherabsetzung zur Folge hätte, nur angenommen werden darf, wenn sie wirklich die Unfallfolgen selbst betrifft.

Wir wollen versuchen, diese Fragen durch Erwähnung derjenigen Anomalien näher zu erörtern, die erfahrungsgemäß am häufigsten und am deutlichsten die Abschätzung von Unfallfolgen beeinflussen.

Die zur Zeit eines ,,Unfalls" vorhandene körperliche Beschaffenheit wird nun zunächst sehr häufig zu Unrecht mit einem behaupteten ,,Unfall" in Zusammenhang gebracht und zur Grundlage von Leistungsansprüchen aus der Unfallversicherung gemacht. Nicht nur der Antragsteller hat natürlich das Bestreben, einen ursächlichen Zusammenhang seines Leidens mit einem Unfall glaubhaft zu machen, sondern auch manche Ärzte erleichtern durch Unsorgfältigkeit, Gutgläubigkeit oder falsch angebrachtes Mitleid solche Mißstände.

Es ist falsch, in dem Kranken den ,,Schwächeren" zu sehen gegenüber dem ,,stärkeren" Versicherungsträger und aus Mitleid ein ungerechtes Gutachten abzugeben. Während sonst Humanität eine der vornehmsten Pflichten des Arztes ist, würde eine solche falsch verstandene ,,Humanität" der

Gesamtheit der Versicherten zum Schaden gereichen, ganz abgesehen davon, daß der Arzt sich bei absichtlicher Ausstellung für den Rechtsgebrauch bestimmter unrichtiger Gutachten strafrechtlicher Verfolgung und bei schuldhaften und fahrlässigen falschen Begutachtungen ehrengerichtlichen Maßnahmen und Regreßansprüchen aussetzt.

Für die Leistungspflicht und Rechtsprechung im Bereich der Sozialversicherung ist zunächst nicht der philosophisch-erkenntniswissenschaftliche Ursachenbegriff maßgebend. Dieser sieht als Ursache eines Ereignisses jeden wesentlich vor diesem Ereignis liegenden Vorgang oder Zustand an, der nicht fortfallen kann, ohne daß damit das bestimmte Ereignis ebenfalls fortfiele, also eine Conditio sine qua non. Für die Beurteilung aber der Frage, ob ein Unfallereignis als Ursache für einen Schaden anzusehen ist, kommt es darauf an, ob der Unfall zu dem Schaden in einer inneren, wesenhaften und gestaltend wirkenden ursächlichen Beziehung steht, d. h., ob er für den Schaden als Ursache verantwortlich gemacht werden kann. Bei der Entscheidung müssen an eine oder mehrere solche Bedingungen rechtliche Folgen angeknüpft werden können. Die Bedingungen müssen also rechtlich erheblich sein. **Die ständige Rechtsprechung erkennt nur die Bedingung als rechtlich erheblich und damit als Ursache an, die wesentlich zum Erfolge mitgewirkt hat;** sie spricht von einer wesentlich mitwirkenden Ursache und beruft sich bei der Entscheidung hierüber auf die Auffassung des praktischen Lebens.

Die Rechtsprechung außerhalb der Sozialversicherung wählt die Bedingung als rechtlich erheblich und damit als Ursache aus, die generell typisch, in sich erfahrungsgemäß das Streben hat, den eingetretenen Erfolg herbeizuführen (adäquate Bedingung). Hier spielt also in erster Linie die Ursächlichkeit menschlicher Willenshandlungen (Verschulden) eine Rolle, während es in der Sozialversicherung vorwiegend auf die Ursächlichkeit sonstiger Ereignisse oder Zustände (Unfallereignis, Beschäftigung im Betriebe) ankommt.

Der ärztliche Gutachter hat also zunächst auf Grund seiner Untersuchung und ärztlich-wissenschaftlichen Erwägungen zu beurteilen, ob ein angegebener Betriebsunfall eine wesentlich mitwirkende Ursache für die Entstehung eines Schadens darstellt. Das gleiche gilt für eine etwaige Verschlimmerung eines zur Zeit des Betriebsunfalls schon bestehenden Leidens oder Schadens, die ja auch entschädigungspflichtig ist.

Es ist daher nötig, bei der Beurteilung des ursächlichen Zusammenhanges die eigentliche Unfallwirkung von den Wirkungen anderer Zustände oder Vorgänge abzugrenzen. Als solche kommen außer ungünstigen äußeren Verhältnissen hauptsächlich die körperliche Veranlagung (angeborene und erworbene Krankheitsbereitschaft) und zur Zeit des Unfalls bereits vorhandene Gebrechen, Krankheiten oder Schäden in Betracht.

Diese Zustände oder Vorgänge können in ihrer Wirkung gegenüber der Einwirkung des Betriebsunfalles so zurücktreten, daß der Unfall allein als die wesentliche Ursache des Schadens angesehen werden muß. Sie können zweitens neben dem Unfall wesentlich mitwirkende Ursachen darstellen. Drittens kann die Wirkung der genannten Zustände und Vorgänge zur Zeit des Unfalls so im Vordergrund stehen, daß ihnen gegenüber der Unfall als wesentlich mitwirkende Ursache nicht in Frage kommt. Der Betriebsunfall ist dann nur der äußere Anlaß, der letzte Anstoß, die Gelegenheit für ein Geschehen, das unabhängig von ihm durch andere Ursachen zwingend bedingt oder schicksalhaft eingeleitet wurde und schicksalhaft abläuft. Oft handelt es sich hierbei um ein Manifestwerden eines in der Anlage bereits vorhandenen Schadens, wie z. B. ein Hervortreten eines Leistenbruches bei vorgebildeter Bruchpforte.

Ein Betriebsunfall ist nur gegeben, wenn der Verletzte der Gefahr, der er erlegen ist, durch die Betriebsbeschäftigung ausgesetzt war.

Wenn eine neue Verletzung nicht nur gelegentlich einer versicherten Tätigkeit erfolgt, sondern die Ausübung dieser Tätigkeit für die Entstehung und Schwere dieser Verletzung hauptsächlich verantwortlich ist, muß trotz Mitwirkung der Rückstände eines früheren Betriebsunfalles der neue Unfall als besonderer Betriebsunfall und als die Ursache der durch ihn hervorgerufenen neuen Schädigung des Körpers angesehen werden.

Es scheiden also im allgemeinen plötzliche Gesundheitsschädigungen während der Betriebsbeschäftigung, die lediglich auf körperlicher Veranlagung beruhen, hier aus.

Nicht entschädigungspflichtig sind daher im allgemeinen die Fälle, in denen der Verletzte der Gefahr nicht deshalb erlegen ist, weil er infolge seiner Beschäftigung im Betriebe zu dieser bestimmten Zeit an dieser bestimmten Stelle tätig werden mußte, sondern Gefahren erlag, die ihm bereits unabhängig vom Betrieb und der Beschäftigung drohten.

Hierzu rechnen die Fälle des Ausbruchs einer Krankheit, die lediglich auf der Veranlagung des Verletzten beruhte.

Die Krankenkassen haben infolgedessen unverzüglich Erhebungen über den Zusammenhang einer Krankheit mit einem Betriebsunfall anzustellen, wenn die Diagnose die Möglichkeit erkennen läßt, daß ein Betriebsunfall vorliegt. Trifft die Kasse solche Feststellungen nicht sofort, so verliert sie ihre Ansprüche auf Ersatz für die Kosten des Heilverfahrens (OVA. Berlin, 26. VIII. 1932, angeführt in Dtsch. Krk.kasse **1932**, Nr 42). Oft ist die Entscheidung in solchen Fällen nicht leicht.

Wenn es sich um Erkrankungen handelt, die nach ärztlicher Erfahrung häufig, wenn nicht gar meistens, aus sich selbst entstehen, wie z. B. Knochenmarkentzündungen, so müssen an den Nachweis des Unfallereignisses besonders strenge Anforderungen gestellt werden.

Bei kleinen Verletzungen ist nur selten zuverlässig festzustellen, wie und wo die Verletzung und wie eine etwaige Verunreinigung der Wunde durch Eitererreger erfolgt ist. Bei oberflächlichen Hautverletzungen muß zur Verursachung erheblicher Schädigung ein Hineingelangen der Eitererreger in die Blut- oder Lymphgefäße stattfinden, was durch schwere Arbeit, z. B. durch die Handhabung landwirtschaftlicher Geräte, bewirkt werden kann.

Hautrisse und Geschwüre aber, sowie von ihnen ausgehende Infektionen, sind nicht als Unfallfolgen zu entschädigen, wenn sie schon durch gewöhnliche Arbeitsvorgänge infolge abnormer Empfindlichkeit, Sprödigkeit und Widerstandslosigkeit der Haut eintreten können. Eine solche Hautbeschaffenheit findet sich z. B. bei der Syringomyelie.

Von kundigen Kranken wird zuweilen versucht, Krankheitserscheinungen, die während des gewöhnlichen, schicksalmäßigen Verlaufes einer Krankheit auftreten, als ,,Verschlimmerungen'' auf einen angeblichen Betriebsunfall ursächlich zurückzuführen und auf diese Weise Versicherungsleistungen zu erlangen. So wird z. B. nicht selten wegen Lungenblutungen im Verlauf von Tuberkulose, Herzschwäche bei Krankheiten des Herzmuskels oder des Klappenapparates, Hirnblutungen bei Arteriosklerose, Magendarmblutungen bei Geschwüren, Gallen- oder Nierenkoliken bei Steinkrankheit, Krisen bei Tabes u. v. a. Krankheitserscheinungen eine Verschlimmerung durch einen Unfall behauptet und deswegen Anspruch auf Versicherungsleistungen erhoben.

Das gleiche gilt für die sog. chirurgischen Krankheiten, Verletzungsfolgen und Gebrechen. Ein Aufflammen des Entzündungsprozesses, z. B. bei alter Osteomyelitis, oder neuralgische Schmerzen an früher verletzten Körperteilen werden zuweilen auf Unfälle bezogen und als ,,Verschlimmerung'' zur Grundlage von Ansprüchen auf Versicherungsleistungen gemacht.

Das als Folge eines Unfalls bezeichnete Leiden muß deshalb genau angegeben und gegen ein etwa vorhandenes Grundleiden abgegrenzt werden. Das gleiche gilt bei Krankheiten, die in Schüben auftreten. In solchen Fällen muß deutlich zum Ausdruck gebracht werden, ob nur der gerade vorliegende Zustand als Unfallfolge angesehen wird oder auch das zugrunde liegende Grundleiden. Es muß ferner angegeben werden, ob der Unfall geeignet ist, das Grundleiden über seinen natürlichen Entwicklungsgang hinaus zu beschleunigen.

In solchen Fällen ist der vor dem behaupteten Unfall vorhandene Körperzustand für die Beurteilung etwaiger Unfallfolgen besonders wichtig.

Wenn keine ausreichenden Untersuchungsergebnisse über den Gesundheitszustand vor dem behaupteten Unfall vorliegen, so muß die Entscheidung auf Grund des ersten Untersuchungsbefundes nach dem Unfall getroffen werden.

Zunächst wird man nicht jedes neue Symptom im Verlauf einer Krankheit als „Verschlimmerung" in versicherungsmedizinischem Sinne bezeichnen können. Vielmehr ist hierbei die Art der neuen Krankheitserscheinung, ihre Schwere und Dauer, ihre Rückwirkung auf den allgemeinen Körperzustand und auf die Erwerbstätigkeit zu berücksichtigen. Bei Lungenblutungen z. B. wird es auf die Menge des entleerten Blutes und etwaige Begleiterscheinungen (Fieber usw.) ankommen, abgesehen davon, daß bei der Beurteilung der Herkunft innerer Blutungen große Vorsicht am Platz ist. Wenn bei einem Tuberkulösen, der bis dahin regelmäßig seine Arbeit verrichtet hat, plötzlich erheblicher Bluthusten auftritt, der eine Einstellung der Tätigkeit, Bettruhe und ärztliche Behandlung erfordert, liegt eine Verschlimmerung im Sinne des Gesetzes vor. Vorübergehende Herzschwäche im Verlauf eines Herzfehlers, um ein weiteres Beispiel zu nennen, wie wir sie zuweilen ohne erkennbare Ursache auftreten sehen, braucht keine Verschlimmerung des Herzleidens darzustellen; wenn wir aber bei einer solchen Krankheit mehr oder weniger plötzlich als Zeichen der Dekompensation eine Herzinsuffizienz auftreten sehen, die für einige Zeit zu erheblichen Beschwerden führt, zum Aussetzen der Arbeit und zur Inanspruchnahme ärztlicher Behandlung nötigt, so liegt eine Verschlimmerung vor.

Ähnlich liegen die Verhältnisse bei Verletzungsfolgen oder Gebrechen, in deren Zustand plötzlich Änderungen eintreten können, die nicht selten als Verschlimmerungen auf Unfälle bezogen und zur Grundlage von Entschädigungsansprüchen gemacht werden. Auch hier ist zunächst zu prüfen, ob wirklich eine Verschlimmerung des Zustandes vorliegt oder nur ein neues Symptom, das keine nennenswerte Verschlimmerung bedeutet. Bei einer habituellen Gelenkluxation z. B. darf man den bei einer betriebsüblichen Tätigkeit entstandenen vorübergehenden Zustand der Ausrenkung nicht als Verschlimmerung bezeichnen, ebensowenig wie z. B. das Heraustreten einer reponiblen Leistenhernie.

Wenn dann in allen diesen Fällen festgestellt ist, daß wirklich eine Verschlimmerung im Sinne des Gesetzes vorliegt, ist zweitens zu prüfen, ob diese als Unfallfolge aufgefaßt werden muß.

Die Entscheidung hierüber ist oft sehr schwer und setzt ein hohes Maß medizinischer und versicherungsmedizinischer Kenntnisse und Erfahrungen voraus. Der Gutachter muß über den schicksalmäßigen Verlauf der betreffenden Krankheit genau unterrichtet sein, ihren Stand zur Zeit des Unfalls und Art und Schwere des Unfalls sorgfältig berücksichtigen; er muß die unmittelbaren und mittelbaren Unfallfolgen, den örtlichen und zeitlichen Zusammenhang, das Vorhandensein etwaiger Brückensymptome und den weiteren Verlauf der Krankheit seiner Beurteilung zugrunde legen.

Bleiben wir bei dem Beispiel der Lungentuberkulose: Ein Müller leidet seit Jahren an einer gutartig verlaufenden produktiven Tuberkulose des rechten Lungenoberlappens; er erleidet bei der Arbeit eine Lungenblutung, muß einige Zeit ärztliche Behandlung in Anspruch nehmen, die Arbeit aussetzen und nimmt diese dann im bisherigen Umfang wieder auf, ohne daß der objektive Befund eine Änderung erkennen läßt. Hier wäre zu prüfen, ob eine zeitlich umschriebene, außergewöhnliche Körperanstrengung bei geschlossener Stimmritze, die den Rahmen der gewohnten Arbeit erheblich überschritt, der Blutung unmittelbar vorherging, also beispielsweise der Versuch, eine herabfallende, sehr schwere Last noch zu stützen. Ist das mit an Sicherheit grenzender Wahrscheinlichkeit anzunehmen, so ist eine vorübergehende Verschlimmerung durch Unfall überwiegend wahrscheinlich.

Ein ursächlicher Zusammenhang zwischen dem Tod eines Verletzten und einem Betriebsunfall ist dann gegeben, wenn der Betriebsunfall sich als alleinige oder wesentlich mitwirkende Todesursache darstellt.

So ist z. B. ein ursächlicher Zusammenhang zwischen dem Tod und einem Betriebsunfall angenommen worden in einem Fall, wo der Unfall der schnelleren Entwicklung eines bereits bestehenden Krebsleidens förderlich war und eine erhebliche Verfrühung des Todes verursachte (Gr. Entsch. des Sächs. LVA. vom 29. I. 1916, angeführt von *Martineck-Kühne*, S. 191). In diesem Falle hatte der Unfall eine schwere Unterleibsverletzung zur Folge, die mehrere, erhebliche operative Eingriffe mit folgendem außerordentlich schweren Krankenlager nötig machte und zu einer Unfallentschädigung mit der Vollrente führte. Der Verletzte war dann 6 Monate nach dem Unfall an einem Magen- und Leberkrebs gestorben.

Ein ,,Betriebsunfall" liegt, um ein weiteres Beispiel anzuführen, vor, wenn bei einem Manne, der schon seit längerer Zeit an Veränderungen der Gefäße und der Nieren litt, ohne von diesen pathologischen Veränderungen subjektiv deutliche Beschwerden gehabt zu haben, im Verlauf einer schwereren und durch ungünstige äußere Umstände besonders erschwerten körperlichen Arbeit deutliche Störungen von seiten seines Herzens auftreten, die in rascher Fortentwicklung alsbald zum Tode führen. Daß die am Tage der Katastrophe geleistete Arbeit eine betriebsübliche war, ändert daran nichts. Es genügt, wenn die geleistete Arbeit den Verlauf des bei dem betreffenden Arbeiter entstandenen Herzleidens unzweifelhaft ungünstig beeinflußte und deshalb als wesentliche Ursache des plötzlich eingetretenen Todes angesehen werden muß (Mitt. d. bayer. LVA. 1924, 13, angeführt von *Breithaupt*, S. 237).

Bei geringer Beschleunigung des Todes durch den Unfall besteht kein Anspruch auf Hinterbliebenenrente. Dies gilt auch, wenn mit überwiegender Wahrscheinlichkeit die Folgen des Unfalls das Leben des Verletzten nur um eine geringe Zeitspanne verkürzt haben (Badisches Landesversicherungsamt, 4. I. 1923, angeführt von *Breithaupt*, S. 249).

Die Frage, ob bei einem bestehenden Leiden infolge eines Unfallereignisses das Leben wesentlich verkürzt und der Tod an diesem Leiden erheblich schneller, als schicksalmäßig zu erwarten war, herbeigeführt worden ist, ist oft schwer zu entscheiden. Zeitlich läßt sich eine solche Verkürzung wohl kaum jemals festlegen, zumal ja der zeitliche Ablauf bei den verschiedensten Leiden ganz verschieden schnell ist. Ich halte daher eine generelle Festlegung — wie in der folgenden Entscheidung — für verfehlt: ,,Hat ein Unfall ein bestehendes Leiden schneller entwickelt und so den Tod erheblich verfrüht, besteht zwischen ihm und dem Tode ein ursächlicher Zusammenhang. Dies gilt aber nur dann, wenn das Leiden durch den Unfall um mindestens etwa 1 Jahr verkürzt worden ist (Entsch. Reichsversich.amt 15, 98; angeführt von *Breithaupt*, S. 237).

Wenn ein, um diese Frage durch ein weiteres Beispiel zu erläutern, an einer Handgelenkstuberkulose leidender Schlosser, der ohne Beschwerden seiner gewohnten Arbeit nachgeht, durch einen in einen kurzen Zeitraum eingeschlossenen Betriebsvorgang plötzlich hochgradige Schmerzen in der kranken Hand erleidet, die Arbeit aussetzen und ärztliche Behandlung in Anspruch nehmen muß, so liegt eine Verschlimmerung vor, und es ist zu prüfen, ob der ,,angeschuldigte" Unfall seiner Art und Schwere nach geeignet ist, diese Folgeerscheinungen, die an sich auch ohne erkennbare Ursache auftreten können, zu verursachen. Auch hier wäre außer äußeren Verletzungen und Kontusionen auch eine unerwartete schwere Überanstrengung des erkrankten Gelenkes mit plötzlicher starker Anspannung, Überdehnung und Erschütterung der kranken Gewebe imstande, eine wesentliche Verschlimmerung der Krankheit herbeizuführen.

Ist ferner infolge eines Unfalls das Leiden des Verletzten wesentlich verschlimmert und der durch dieses Leiden verursachte Tod beschleunigt herbeigeführt worden, so gilt der Tod auch dann als Unfallfolge, wenn der Verletzte auch ohne die Einwirkung des

Unfalls wegen eines anderen Leidens, an dem er litt, wahrscheinlich innerhalb Jahresfrist verstorben wäre (Entsch. Reichsversich.amt 18, 274; angeführt von *Breithaupt*, S. 217).

An den ärztlichen Gutachter werden also in solchen Fällen bezüglich der Beurteilung des Krankheitsverlaufs große Anforderungen gestellt.

Oft ist es sehr schwer zu sagen, ob eine Verschlimmerung lediglich als schicksalmäßiger Verlauf anzusehen ist. Eine — auch verhältnismäßig schnell hervortretende — Abnahme der Körperkräfte ist z. B. eine so häufige Begleiterscheinung schwerer, erschöpfender Krankheiten, daß sie in solchen Fällen als Verschlimmerung infolge eines Unfalls kaum in Betracht kommt. Manche Krankheiten führen schicksalmäßig — oft ziemlich plötzlich — zu schweren subjektiven oder objektiven Erscheinungen, die den Zustand wesentlich verschlimmern, ohne daß ein Unfall ursächlich anzuschuldigen wäre. Als Beispiel seien Schmerzzustände bei Entzündungen, Neuralgien, Fieber, Blutungen, Herzinsuffizienz bei den mannigfachsten Krankheiten und Verletzungsfolgen genannt.

Wenn also ein Leiden so weit vorgeschritten oder so beschaffen ist, daß es von selbst zu einer Minderung der Arbeitsfähigkeit führen muß, kann, wenn dieser Fall während einer Betriebsarbeit eintritt, ein Betriebsunfall nicht angenommen werden (Entsch. Reichsversich.amt 5, 177; angeführt von *Breithaupt*, S. 236).

Je vorgeschrittener, je mehr bereit zu solchen Verschlimmerungen das Leiden zur Zeit eines Unfalls war, um so eher muß man an einen schicksalmäßigen Verlauf als an Unfallfolgen denken. Daher ist der objektive Befund kurz vor einem Unfall oder zur Zeit des Unfalls so besonders wichtig für die Beurteilung etwaiger Unfallfolgen.

Der Umstand aber, daß ein bereits bestehendes Leiden durch Übermüdung oder Überanstrengung verschlimmert wird, schließt die Annahme eines Betriebsunfalles nicht aus.

Wenn ein als Unfallfolge anerkanntes Leiden sich durch Hinzutreten weiterer Gesundheitsschädigungen verschlimmert, so ist zu prüfen, ob nicht den übrigen Begleitumständen eine überragende Bedeutung für den weiteren Verlauf beizumessen ist.

Schwierigkeiten kann hier die Beurteilung einer hysterischen Reaktion bereiten, nachdem im Einzelfall eine solche früher einmal als Unfallfolge anerkannt war. Die neurasthenische, hysterische, psychopathische Reaktion (traumatische Neurose) ist in den letzten Jahren in Wissenschaft und Praxis sehr eingehend erörtert worden.

Die grundsätzliche Entscheidung, die diese Frage generell zu regeln sucht (Gr. Entsch. 3238, Amtl. Nachr. Reichsversich.amt 1926, S. 480), lautet:

„Hat die Erwerbsunfähigkeit eines Versicherten ihren Grund lediglich in seiner Vorstellung, krank zu sein oder in mehr oder minder bewußten Wünschen, so ist ein vorangegangener Unfall auch dann nicht eine wesentliche Ursache der Erwerbsunfähigkeit, wenn der Versicherte sich aus Anlaß des Unfalls in den Gedanken, krank zu sein, hineingelebt hat, oder wenn die sein Vorstellungsleben beherrschenden Wünsche auf eine Unfallentschädigung abzielen, oder die schädigenden Vorstellungen durch ungünstige Einflüsse des Entschädigungsverfahrens verstärkt worden sind."

Der ärztliche Sachverständige hat also zu prüfen, ob es sich im Einzelfall nur um psychogene (Wunsch-) Vorstellungen handelt, oder ob eine wirkliche Krankheit vorliegt.

Ist nun eine hysterische Reaktion (zu Unrecht) rechtskräftig als Unfallfolge anerkannt, dann aber abgeklungen, so ist — anders als bei echten Krankheiten in medizinisch-biologischem Sinne — bei später erneutem Auftreten einer derartigen Reaktion, auch wenn sie äußerlich unter denselben Erscheinungen verläuft wie die erste, die Frage des ursächlichen Zusammenhangs mit dem angeschuldigten Unfall ohne Rücksicht auf die frühere Entscheidung zu prüfen (Entsch. Reichsversich.amt 20, 109; angeführt von *Breithaupt*, S. 236.)

Anders liegen die Verhältnisse bei einer Verschlimmerung von rechtmäßig als Unfallfolge anerkannten Leiden. Hier ist zu prüfen, ob das eigentliche Unfalleiden durch weitere Gesundheitsschädigungen wesentlich verschlimmert worden und hierdurch ein höherer Grad von Erwerbsminderung bedingt ist, oder ob nicht vielmehr die Ursachen der Verschlimmerung für sich die Erwerbsfähigkeit herabsetzen, ohne daß das Unfalleiden hierfür verantwortlich zu machen ist. Darnach richtet sich die Leistung des Versicherungsträgers.

Nehmen wir an, eine als Unfallfolge anerkannte Lungentuberkulose sei durch den Hinzutritt eines Diabetes in bezug auf Ausbreitung und Form des Lungenprozesses und auf Schnelligkeit des Verlaufes verschlechtert und dadurch die bisherige Erwerbsminderung vergrößert worden. Dann wird die Erhöhung der Erwerbsminderung doch dem Unfalleiden zur Last fallen. Nehmen wir aber an, eine fast stationäre, als Unfallfolge anerkannte Lungentuberkulose werde durch einen Diabetes zwar kompliziert und insofern vielleicht etwas gefährlicher, aber in ihrem Verlauf und ihrer Bedeutung für die Erwerbsfähigkeit nicht beeinflußt, es träte aber durch diabetische Symptome (wie Gangrän usw.) eine weitere Erwerbsminderung ein, so ist diese nicht dem Unfalleiden zur Last zu legen. —

III. Betrachtungen aus der allgemeinen und speziellen Pathologie zur Frage der Bedeutung des vorherigen Zustands.

Infektionskrankheiten, parasitäre Krankheiten. Akute Infekte, also z. B. bei einem Unfall schon bestehende Infektionskrankheiten, akute Wundinfektionen, scheiden für unsere Betrachtung aus, weil man ihren Ablauf abwarten wird, bevor die Unfallfolgen abgeschätzt werden. Anders, wenn es sich um chronische Infekte oder um Komplikationen und Nachkrankheiten von Infektionen handelt.

Chronische Infektion mit Krankheitserregern, also z. B. Streptokokkenherde in den Mandeln, in den Zähnen usw. bedeuten eine Gefahr für mancherlei Unfallfolgen. Sie können Blutergüsse oder zertrümmerte Gewebe leicht sekundär auf dem Blutwege infizieren, auch sonst, z. B. nach Operationen, zu einer Infektion führen oder durch Folgekrankheiten wie Endokarditis, Nephritis, Arthritis die Unfallfolgen verschlechtern. Eine „ruhende Infektion" kann zur manifesten Krankheit werden. Infektionserreger, wie z. B. die des Erysipels, halten sich oft sehr hartnäckig in Haut- oder Gewebsspalten und bedingen die Möglichkeit erneuten Auftretens der Krankheit mit allen Gefahren auch für etwaige Unfallfolgen, z. B. schlecht heilende Wunden und Fisteln.

Wir verstehen unter allgemeiner Sepsis die Krankheiten, die durch anhaltendes oder zeitweises Eindringen krankmachender Keime in die Blutbahn hervorgerufen, mit einer allgemeinen infektiösen Erkrankung des Körpers verlaufen, gleichgültig, welche Organismen die Krankheitsursache sind und welche örtlichen Erkrankungen sie hervorrufen. Phlegmonen, septische Thrombophlebitiden oder Lymphangitiden, septische Endokarditis können der Ausgangspunkt der Bakteriämie sein. Je nach der Virulenz der Erreger und der Widerstandsfähigkeit des Körpers handelt es sich um allgemeine Sepsis oder um bloße Bakteriämie.

Eine Impftuberkulose im Anschluß an Verletzungen, ausgehend von einem vorher bestehenden Tuberkuloseherd, kommt vor, ist aber sehr selten. Im übrigen ist die Tuberkulose für unsere Betrachtung von der gleichen Bedeutung wie andere chronische Infektionskrankheiten.

Eine Mobilisation von Tetanusbacillenherden kann noch viele Monate nach „Heilung" des Tetanus durch Verletzungen oder Operationen in dem früher verletzten Gebiet erfolgen.

Außer der Gefahr sekundärer Infektion vermindern diese „vorherigen" Zustände die allgemeine Widerstandskraft des Körpers, verzögern dadurch die Heilung und Wiederherstellung der Erwerbsfähigkeit, erfordern vermehrte Aufwendungen (Heilverfahren) und verschlechtern auch die Lebenserwartung.

Im einzelnen sind es mannigfache Störungen und Komplikationen, welche die Abschätzung von Unfallfolgen beeinflussen können, von seiten des Zentralnervensystems Kopfschmerz, Unruhe, Schlafmangel, Trübungen des Bewußtseins, ferner Schwächung der Kreislauforgane mit Neigung zu Herzschwäche und Kollaps (Narkose!), Neigung zu Bronchitis und Pneumonie, Nierenschädigungen, schwere Anämie, Gefahr von Embolien aus septisch zerfallenden Venenthromben oder einer septischen Endokarditis, Gefahr von Blutungen, Gelenkkomplikationen u. a.

Noch ein Punkt ist zu bedenken. Chronische Infektionskrankheiten können durch langdauernde erzwungene Körperruhe die Rekonvaleszenz verzögern und eine Bewegungs- und Übungsbehandlung verletzter Gelenke erschweren, so daß leichter Versteifungen entstehen. Dies gilt natürlich nicht nur für chronische Infekte, sondern für alle schweren Krankheiten.

Unter den parasitären Krankheiten ist die Ankylostomiasis hervorzuheben; sie führt oft zu schwerer Anämie und daher auch zu verzögerter Rekonvaleszenz nach Verletzungen. Von besonderer Bedeutung ist die Frage für die Knappschaftsberufsgenossenschaft. Unter der bergarbeitenden Bevölkerung des Ruhrreviers begegnet man schweren Fällen von Ankylostomaanämie nicht selten.

Die Rolle der Malaria ist in unseren Breiten nicht groß. Auch sie hinterläßt ja häufig eine schwere Anämie und verminderte Widerstandsfähigkeit. Milzverletzungen sind, wenn es sich um alte Malaria handelt, schwerer einzuschätzen als Verletzungen der gesunden Milz.

Die bei uns seltene Trichinosis führt häufig zu bretthartar Schwellung der Muskulatur mit Schmerzen und Bewegungsbehinderung, Myositis, Beteiligung der Gelenke mit allen Gefahren auch für Unfallfolgen.

Bösartige Geschwülste. Die Bedeutung des Bestehens von bösartigen Geschwülsten zur Zeit eines Unfalles für den Verlauf der Unfallfolgen liegt natürlich in der Einwirkung auf den allgemeinen Kräftezustand, in der Herabsetzung der Widerstandsfähigkeit gegenüber Blutungen, chirurgischen Eingriffen, Narkosen, dann aber auch in der Gefahr einer Metastasierung im verletzten Gewebe sowie endlich in der Verschlechterung der Lebenserwartung überhaupt.

Vergiftungen. Chronische Intoxikationen können aus mannigfachen Ursachen Verletzungsfolgen verschlimmern, mag es sich um

Genußgifte, Rauschgifte, gewerbliche, medikamentöse und andere exogene Toxikosen oder um endogene Intoxikationen durch Stoffwechselprodukte von Organen (Basedowsche Krankheit, Urämie) oder im Körper lebenden Mikroorganismen bzw. durch Zerfall von Körpereiweiß handeln.

Die spezifische Schädigung bestimmter Organe, die auch zu einer Einteilung der Gifte (Nerven-, Herz-, Nieren-, Blut-, Muskelgifte) geführt hat, ist maßgebend für den Einfluß derartiger „vorheriger Zustände" auf etwaige Unfallfolgen. Die Wirkung kann eine erregende oder lähmende sein.

Eine schwere Schädigung erfahren die Versicherungsträger, Versicherungsnehmer und somit auch die Allgemeinheit durch den chronischen Alkoholismus. Namentlich trifft dies die Träger der Unfallversicherung. Bestimmte Angaben über die Häufigkeit der Mitwirkung des Alkoholmißbrauchs an entschädigungspflichtigen Unfällen lassen sich nicht machen, zumal diese ja bei den verschiedenen Berufsarten verschieden sind. Zu der Erhöhung der Zahl der Unfälle kommt hier der unheilvolle Einfluß hinzu, den der Alkoholmißbrauch, besonders der chronische Alkoholismus, auf die Unfallfolgen, ihre Schwere und ihre Dauer ausübt. Namentlich die mittelbare ungünstige Wirkung des Alkohols kommt hier in Betracht. Er setzt die allgemeine Widerstandskraft herab, steigert die Krankheitsbereitschaft, die Empfindlichkeit gegenüber Blutverlusten und operativen Eingriffen und schädigt namentlich das Herz (Narkosegefahr), dessen Untersuchung daher in solchen Fällen besonders wichtig ist.

Der Zustand des Herzgefäßsystems ist auch von Bedeutung, wenn es sich um chronische Schädigungen durch Tabak- oder Kaffeemißbrauch handelt.

Von unheilvollem Einfluß auf Unfallfolgen ist auch eine vorher bestehende Rauschgiftsucht, gleichviel welches Betäubungsmittel gewohnheitsgemäß gebraucht wird. Hier droht außer den obengenannten Gefahren noch die Wahrscheinlichkeit einer Verschlimmerung der Sucht bei Schmerzzuständen und psychischen Insulten im weiteren Verlauf.

Ähnliche Erwägungen gelten für alle chronischen Vergiftungen, unter denen die gewerblichen Berufskrankheiten besonders häufig sind. Die Gefahr eines verschlimmernden Einflusses auf Unfallfolgen richtet sich nach dem Grad und der Ausbreitung der Krankheit sowie der Dignität der befallenen Organe, besonders aber noch der Möglichkeit einer Erhöhung der erwerbsmindernden Unfallfolgen durch die im Einzelfall hervortretenden Symptome. So kann z. B. bei einer chronischen Bleivergiftung Zittern und Neigung zu Schwindelanfällen allgemein die Sicherheit des Verletzten bei der Arbeit herabsetzen, oder es kann eine Schwäche der Streckmuskulatur des rechten Unterarmes die Folgen einer linksseitigen Armverletzung verschlimmern. Entzündliche und geschwürige Erkrankungen der Mundhöhlenschleimhaut bei chronischer Quecksilber- und Phosphorvergiftung können die Gefahr einer Sepsis nach Kieferverletzungen erhöhen. Eine Polyneuritis bei chronischer Schwefelkohlenstoffvergiftung kann den Gebrauch eines verletzten Gliedes erschweren oder die Anpassung und Gewöhnung an die Arbeit verzögern.

So ist in allen solchen Fällen die Rückwirkung auf den allgemeinen Körperzustand und die spezielle Gefahr einer ungünstigen Einwirkung bestimmter Krankheitserscheinungen auf die vorliegenden Unfallfolgen bei der Abschätzung zu berücksichtigen.

Eine zuweilen nicht genügend beachtete Gefahr der Verschlimmerung von Unfallfolgen durch den dem Unfall vorangehenden Körperzustand ist eine Körperschädigung durch Gebrauch mancher Medikamente. Auch solche Vergiftungen bzw. Idiosynkrasien sind bei der Abschätzung von Unfallfolgen zu beachten.

Ein Präparat, über dessen Gefährlichkeit für den Organismus mancher Kranken sich viele nicht im klaren sind, ist z. B. das Jod und das in solchen Fällen gleichsinnig wirkende Thyreoidin. Basedowkranke oder solche, welche die Tendenz haben, eine Thyreotoxikose zu erwerben, werden oft nach den kleinsten Dosen Jod rapid schwächer. Das erste auffallende Symptom ist der Gewichtssturz. Kranke mit erheblicher Thyreotoxikose sind gegen jede Infektion und gegen jedes Trauma überaus empfindlich. Auch nach den kleinsten operativen Eingriffen kann plötzlicher Tod infolge der eigentümlichen Reaktionsweise des Organismus eintreten. Die Barbitursäurepräparate, um ein weiteres Beispiel anzuführen, rufen häufig eine große Vulnerabilität der Haut hervor, welche am deutlichsten bei Vergiftungen mit Veronal und Medinal zutage tritt. Blasenbildungen der Haut, akut entstehender Decubitus weisen auf Intoxikationen mit diesen Mitteln hin.

Rheumatische Krankheiten. Wesen und Ätiologie der rheumatischen Krankheiten sind noch nicht klar, ihre Einteilung und Benennung schwierig. Das Vorhandensein von Gelenk- oder Muskelrheumatismus zur Zeit eines Unfalls ist aber für die Abschätzung von Unfallfolgen von großer Bedeutung. Die akuten und subakuten Formen, wie die Polyarthritis acuta, die septischen gonorrhoischen, luischen Gelenkleiden, die Purpura rheumatica, das Erythema exsudativum, der Ruhrrheumatismus spielen für unsere Betrachtung eine geringe Rolle; die chronischen Gelenk- und Muskelleiden aber, die übrigens häufig sehr schwer gegen Unfallfolgen abzugrenzen sind, muß man bei der Abschätzung der Unfallfolgen als einen diese verstärkenden Faktor berücksichtigen, besonders wenn es sich um Verletzungen der Extremitäten handelt.

Selbst bei sehr sorgfältiger Untersuchung (Röntgenverfahren, Besichtigung des durch die Verletzung oder Operation eröffneten Gelenks) ist es zuweilen kaum möglich, mit einiger Sicherheit anzugeben, welche Veränderungen auf den vorherigen Zustand und welche auf die Verletzung zu beziehen sind. Dissimulation schon bestehender Arthritis, Simulation eines Unfalls, unberechtigte Beziehung solcher Veränderungen auf einen Unfall, unberechtigte Behauptung einer Verschlimmerung sind ziemlich häufig, oft natürlich ohne betrügerische Absicht.

Die schweren Formen chronischer Arthritis, mag es sich um die sekundäre Polyarthritis oder um die primäre, knorpelzerstörende Arthritis deformans handeln, beeinflussen natürlich Unfallfolgen, wie andere schwere Krankheiten es auch bewirken, durch Herabsetzen der Körperkräfte, Verminderung der allgemeinen Widerstandskraft, sekundäre Anämie und besonders durch langdauernde erzwungene Bewegungsbehinderung des Kranken und der einzelnen Extremitäten. Sie verhindern vor allem vielfach eine frühzeitige und ausreichende Bewegungs- und Übungsbehandlung bei Gliederverletzungen und erschweren und verzögern dadurch die Heilung und Anpassung.

Der begutachtende Arzt muß sich also einerseits hüten, „vorherige Zustände" dieser Art als Unfallfolgen zu deuten, muß aber andererseits häufig die Folgen des Unfalls bei Komplikation mit solchen Krankheiten schwerer einschätzen als bei sonst gesunden Verletzten.

Durch rheumatische Erkrankung wird zuweilen die Funktion der Gelenke verändert, ihre Form beeinflußt, Deformation erzeugt, durch Immobilisierung werden Atrophien, Wucherungen, Sklerosen manifest. Inaktivität bewirkt, oft schon nach kurzer Zeit, Schwund oder Kontraktur der Muskulatur. Reflektorisch-trophische Einflüsse sind zuweilen die Ursache sehr frühzeitiger Atrophie bestimmter Muskelgruppen.

Eine abnorme Belastung gesunder Gelenke ist geeignet, später eintretende Verletzungsfolgen zu verschlimmern.

Die gleichen Erwägungen bei der Abschätzung von Unfallfolgen gelten, wenn zur Zeit des Unfalls Muskelrheumatismus, Myalgieen oder Myositiden vorhanden sind. Außer Gliederverletzungen kommen hier, entsprechend der Häufigkeit von Muskelerkrankungen, hauptsächlich Unfallfolgen an den Schultern, dem Rücken, der Lenden- und Hüftgegend in Betracht.

Zahlenmäßige Angaben, wie stark solche Komplikationen Verletzungsfolgen verschlimmern, sind natürlich nicht möglich. Der ärztliche Gutachter wird aber hier oft die höheren Rentensätze annehmen und sich davor hüten, zu frühzeitig Besserungen des objektiven Befundes oder Gewöhnung zu bescheinigen.

Anhangsweise seien hier die Krankheiten aus physikalischen Ursachen erwähnt. Atmosphärische Ursachen, wie Druckzuwachs oder -abnahme, kinetische, thermische (Hyper- und Hypothermie), elektrische (Starkstrom), strahlenenergetische (Sonnenlicht, Röntgen-, Radiumstrahlen) Ursachen und die aus ihnen resultierenden Krankheitszustände können durch allgemeine und örtliche Wirkung Unfallfolgen verschlimmern.

Krankheiten der blutbereitenden Organe. Alle Krankheiten der blutbereitenden Organe bedingen, soweit sie zu einer nennenswerten Anämie führen, schon dadurch eine Herabsetzung der allgemeinen Widerstandsfähigkeit, die in einem Circulus vitiosus bei Blutungen infolge der Verletzung weiterer Verschlechterung ausgesetzt ist.

Namentlich ist eine allgemeine Herabsetzung der Widerstandsfähigkeit gegenüber Blutungen, Infektionen, chirurgischen Eingriffen, Narkosen bei den schweren Erkrankungen der blutbereitenden Organe zu fürchten, also der perniziösen Anämie, den Leukämien und den verwandten Erkrankungen.

Eine Sonderstellung nehmen die hämorrhagischen Diathesen und die Hämophilie ein. Die Hämophilie befällt nur Männer, wird aber durch Frauen übertragen. Sie ist anamnestisch und durch Blutuntersuchung auch objektiv zu diagnostizieren und bedeutet selbstverständlich eine schwere Gefahr bei allen Verletzungen, bei denen Blutungen bzw. chirurgische Eingriffe zu fürchten sind. Jenseits des dreißigsten Jahres verliert die Krankheit in der Regel ihren schweren Charakter und der Körper erwirbt dann häufig allmählich die regelrechte Reaktionsfähigkeit auf Blutverluste.

Krankheiten der Drüsen mit innerer Sekretion. Die Gefahr vor einem Unfall bestehender Erkrankungen der Drüsen mit innerer Sekretion liegt, abgesehen von ihrem Einfluß auf den gesamten Körperzustand, auf das vegetative Nervensystem und das Wachstum, in ihrer besonderen Einwirkung auf das Herz-Gefäßsystem.

Bei Basedowscher Erkrankung tritt die thyreotoxische Beeinflussung des Herzens ganz besonders hervor, so daß die Indikation zu Operationen hier nur mit größter Vorsicht gestellt werden darf. Seit einiger Zeit ist die Gefährlichkeit operativer Eingriffe bei Basedowkranken allerdings durch die Jodvorbereitung zur Operation wesentlich verringert.

Myxödem und Tetanie sowie die übrigen Erkrankungen endokriner Drüsen sind von geringerer Bedeutung für unsere Betrachtung. Bekannt ist aber, daß die Addisonsche Krankheit oft rasch zu Kachexie und Herabsetzung des Blutdruckes führt, so daß sie zu vorsichtiger Abschätzung auch von Unfallfolgen Anlaß gibt.

Störungen des Stoffwechsels. Die Störungen des Wasser- und Salzstoffwechsels, der Diabetes insipidus bewirken zuweilen eine erhöhte Verwundbarkeit der Gewebe, wie wir sie hauptsächlich beim Diabetes mellitus zu sehen gewohnt sind. Wenn ein Zuckerkranker von Verletzungen betroffen wird, so sind deren Folgen deshalb als schwerere einzuschätzen als bei einem Gesunden, weil der Diabetiker eine ganz besondere Vulnerabilität und Infektiosität der Gewebe besitzt. Diese hochgradige Verwundbarkeit findet sich auch bei Diabetikern, welche sich ganz leicht im Harn entzuckern lassen. Wesentlich verringert worden ist diese Gefahr, seit wir die Insulinbehandlung anwenden können. Multiple Hautgangrän, nekrotische und Eiterungsprozesse, wie Furunkel und Karbunkel, Lymphangitis, Phlegmonen, multiple Abscesse, sind beim Zuckerkranken häufig. Spontane Extremitätengangrän tritt — meist bei älteren Leuten und an den unteren Gliedmaßen — besonders in mittelschweren und leichten Fällen auf. Vor allem die große, zuweilen auch die kleine Zehe, Ferse und Fußrücken sind hier bedroht, so daß Unfallfolgen gerade an diesen Körperteilen sehr ernst zu nehmen sind. Selten ist Gangrän an den Fingern. Zuweilen geht auch eine Phlegmone in Gangrän aus.

Die allgemeinen Gefahren der Zuckerkrankheit betreffen ferner das Herz-Gefäßsystem, die Atmungs-, Verdauungs- und Harnorgane sowie das Nervensystem. Diabetische Neuralgien, Polyneuritis, neuritische Lähmungen können Unfallfolgen auch insofern als schwerer erscheinen lassen, als sie bei Extremitätenverletzungen den funktionellen Ausgleich durch die korrespondierende Extremität erschweren.

Die Gefahren, welche Verletzten durch eine zur Zeit des Unfalls bestehende Gicht drohen, entsprechen im ganzen den Gefahren, die bei der Erörterung der rheumatischen Erkrankungen besprochen sind.

Die Fettleibigkeit und Fettsucht kann ebenfalls einen unheilvollen Einfluß auf Verletzungsfolgen ausüben, dadurch daß sie die Beweglichkeit des Verletzten herabsetzt, zu Schwerfälligkeit, Unbeholfenheit und Kurzatmigkeit führt und die Gewöhnung an die Arbeit erschwert, namentlich aber dadurch, daß sie die Gefahr einer Herzinsuffizienz mit sich bringt, die bei chirurgischen Eingriffen und Narkosen zu einer schweren Gefahr werden kann.

Avitaminosen und verwandte Krankheiten. Unter den Avitaminosen sind für unsere Betrachtung nur der Skorbut und die Osteomalacie wegen der ungünstigen Einwirkung auf den allgemeinen Kräftezustand von einiger Bedeutung. Blutungen beim Skorbut und Lähmungen und Schwächezustände bei der Osteomalacie können von erschwerendem Einfluß auf Unfallfolgen sein.

Diathesen. Die exsudative Diathese führt zu einer Schwellung des lymphatischen Gewebes und bedingt bei Infektionskrankheiten zuweilen einen besonders schweren Verlauf, während umgekehrt auch Infektionskrankheiten die Diathese stärker aufflackern lassen können. Die exsudative Diathese bringt auch eine Neigung zu Bronchitiden und Sekretionsneurosen sowie zu intermittierender Gelenkwassersucht mit sich, was von Bedeutung bei schweren Verletzungsfolgen sein kann.

Krankheiten der Atmungsorgane. Störungen der Atmung, Kurzatmigkeit, Asthma, Husten, Schmerzen, Neigung zu Temperaturerhöhungen und die übrigen Symptome der Krankheiten der Atmungsorgane können von unheilvollem Einfluß auf Verletzungsfolgen sein und deren Heilung erschweren oder verzögern. Bei inneren Verletzungen können die wiederholten Erschütterungen durch reichlichen Husten zu einer Verschlimmerung führen; sie können auch die Ursache von Narbenbrüchen im Verlauf von Unfallfolgen werden und dadurch die Erwerbsfähigkeit weiter vermindern. Die Krankheiten der oberen Luftwege und des Kehlkopfes kommen hier nicht so in Betracht wie diejenigen der Bronchien, der Lungen und des Brustfells. Namentlich chronische Bronchitis, Staubinhalationskrankheiten, Lungenemphysem und Lungentuberkulose sind Gefahrquellen in dieser Beziehung. Erkrankungen der Atmungsorgane erfordern besondere Beachtung bei Narkosen, da sie die Anwendung von Äther nicht gestatten. Außerdem ist natürlich die Verschlechterung des allgemeinen Körperzustandes und der Lebenserwartung hier zu berücksichtigen.

Krankheiten der Kreislauforgane. Von großer Bedeutung für die Schwere und den Verlauf von Unfallfolgen sind die Krankheiten des Herzens und der Gefäße, besonders wenn sie zu Kompensationsstörungen, abnormer Blutverteilung und Insuffizienz geführt haben. Ein notwendiges Ziel aller Diagnostik bei Herzkrankheiten ist es, eine Vorstellung von der Leistungsfähigkeit der Kreislauforgane zu gewinnen. Sowohl die **entzündlichen und degenerativen Herzmuskelerkrankungen** als auch die **chronische Endokarditis** und die **Klappenfehler**, endlich die **chronische Herzbeutelentzündung**, sind für den allgemeinen Kräftezustand und den Verlauf aller hinzukommenden Krankheiten und Verletzungen von großer Wichtigkeit. Eine **Herzschwäche** bedeutet nicht nur eine Gefahr bei Narkosen und Operrationen sondern bei allen chirurgischen und sonstigen Eingriffen im Verlauf der Behandlung von Unfallfolgen. Namentlich die Chloroformnarkose ist bei Herzaffektionen außerordentlich gefährlich. Viele Menschen haben bekanntlich auch — abgesehen vom Herzen — eine erhöhte Empfindlichkeit gegenüber dem Chloroform.

Herzerkrankungen sind auch von großem psychischen Einfluß, mindern dadurch die Erwerbsfähigkeit und erschweren zuweilen die Behandlung und Heilung von Unfallfolgen. Das gilt namentlich auch für die **nervösen Störungen des Herzens und der Gefäße**.

Erkrankungen der Arterien sind, abgesehen von ihren Beziehungen zum Herzen, von Bedeutung für die Durchblutung und daher für Verletzungsfolgen an den Extremitäten. Bekannt ist die Gefahr einer arteriosklerotischen Gangrän. Selbstverständlich heilen Verletzungen bei mangelhafter Durchblutung schwerer als bei ungestörtem Kreislauf.

Das **Aortenaneurysma** bedeutet, wie alle lebenbedrohenden Erkrankungen, natürlich auch eine Gefahr bei Unfallverletzten.

Venenerkrankungen werden bei Schwerverletzten mit Recht gefürchtet. Lokale **Gerinnungen (Thrombosen), Entzündungen der Venenwand, phlebitische Thrombosen, marantische Thrombosen** sind wegen der mitunter hochgradigen Schmerzen, der Möglichkeit einer Verschleppung von Pfröpfen, der Möglichkeit folgender Gangrän gefährlich. Bei jeder Thrombose ist außerdem langdauernde vollständige Ruhe des ganzen Körpers erforderlich, besondere Lagerung der Glieder, Vermeidung von passiven Bewegungen und Massagen, so daß auch hierdurch Unfallfolgen bezüglich der Heilung und Erwerbsfähigkeit erschwert werden.

Krankheiten der Verdauungsorgane. Krankheiten der Mundhöhle, der Speicheldrüsen, des Gaumens und Rachens

sowie der Speiseröhre sind insofern von Bedeutung für die Abschätzung von Unfallfolgen, als sie leicht zu einem Rückgang des allgemeinen Kräftezustandes und der allgemeinen Widerstandsfähigkeit des Körpers Veranlassung geben. Das gleiche gilt für schwere chronische Krankheiten des Magens, des Darms, des Bauchfells, der Leber und Gallenwege sowie der Bauchspeicheldrüse. Besonders unheilvoll sind solche Erkrankungen für Verletzungsfolgen, die das erkrankte Organ selbst betreffen. So können z. B. schwere Kontusionen bei Magen- oder Darmgeschwüren zu Blutungen, bei Tonus- und Lageanomalien zu Zerreißungen führen. Obstipation und Diarrhöe sowie Hämorrhoiden sind bei Schwerverletzten, die bettlägerig sind, eine unangenehme Komplikation. Auch Schmerzzustände können die Genesung von Unfallfolgen ungünstig beeinflussen.

Erkrankungen des Pankreas sind wegen ihrer schweren Schmerzhaftigkeit, wegen der Gefahr der Zuckerausscheidung und der Möglichkeit von Kollapsen zu fürchten.

Krankheiten der Harnorgane. Auch Krankheiten der Harnorgane sind vielfach geeignet, die Abschätzung von Unfallfolgen zu beeinflussen.

Ein häufiges Symptom von Nierenkrankheiten sind Ödeme, die gewöhnlich zuerst im Gesicht und dann an den abgängigen Partien des Körpers auftreten. Die ödematös durchtränkten Gewebe Nierenkranker sind einer Infektion ganz besonders leicht zugänglich und in der Regel außerstande, sich der Infektion zu erwehren. Sie bedeuten daher eine besondere Gefahr bei offenen Verletzungen und solchen, bei denen operative Eingriffe an den ödematösen Teilen in Betracht kommen.

Die Urämie ist hier deshalb zu erwähnen, weil sie oft Bewußtseinsstörungen bedingt, die zur Verschlimmerung von Unfallfolgen beitragen können.

Die Herzhypertrophie und die anderen Komplikationen am Herzgefäßsystem bei Nierenkranken bedeuten besonders bei größeren chirurgischen Eingriffen und bei Narkosen eine Gefahrerhöhung.

Hohe oder langdauernde Eiweißausscheidung bewirkt rasch einen allgemeinen Kräfteverfall, wie auch im übrigen die Gefahr vor dem Unfall bestehender allgemeiner oder örtlicher Nierenkrankheiten auf einer Herabsetzung der allgemeinen Widerstandsfähigkeit des Körpers beruht.

Störungen der Harnentleerung, Vergrößerung der Vorsteherdrüse und Krankheiten der Blase sind insofern bei der Abschätzung von Unfallfolgen zu berücksichtigen, als sie bei

Schwerverletzten und Bettlägerigen die Gefahr einer aufsteigenden Infektion in den harnabführenden Wegen bedingen können. Besondere Gefahren können selbstverständlich auch darin bestehen, daß bei vorher bestehendem Nierenleiden eine Verletzung die Niere selbst betrifft, so daß die Indikation etwaiger chirurgischer Eingriffe mit größter Vorsicht gestellt werden muß.

Krankheiten der peripheren Nerven, des Rückenmarks und Gehirns. Der vorherige Zustand des Nervensystems ist für Verletzungsfolgen und deren Abschätzungen von außerordentlich großer Bedeutung. Muskulomotorische, vasomotorische, trophische, sekretorische, sensible und sensorische Impulse können gestört sein, und diese Störung kann auf die Heilung der Unfallfolgen ungünstig einwirken. Der Tastsinn, Drucksinn, Schmerzsinn, Temperatursinn, Ortssinn, Muskelsinn (Gefühl für die Bewegung der Glieder), Lagesinn (Gefühl für die Lage der Glieder) sind natürlich bei der Heilung von Verletzungen von großer Bedeutung.

Auf motorischem Gebiet können Muskellähmungen (Akinese) Muskelkrampf (Hyperkinese), auf vasomotorischem Gebiet Gefäßerschlaffung (Angioparalyse) oder Gefäßkrampf (Angiospasmus), auf trophischem Gebiet Atrophien, Geschwürsbildungen, Gangrän, Hypertrophien, Hyperplasien, auf sekretorischem Gebiet Verminderung oder Steigerung gewisser Sekretionen die Heilung von Unfallfolgen stören oder verzögern. Ebenso verhält es sich bei sensiblen Störungen wie Anästhesien, Hypästhesien, Parästhesien, Hyperästhesien und Schmerzzuständen, Kombination von Lähmungs- und Reizerscheinungen (Anaesthesia dolorosa), Kombination von Krämpfen und Lähmungen, Koordinationsstörungen (Ataxie) sind weitere Gefahren im Verlauf der Heilung von Verletzungsfolgen. Kontrakturen in den Antagonisten gelähmter Muskeln können zu dauernder Fixierung der Extremität und myogener Kontraktur führen, zu denen sich fast stets sekundär auch Veränderungen der Gelenke hinzugesellen. Es würde den Rahmen dieser Betrachtung übersteigen, die Bedeutung solcher vorherigen Zustände auf die einzelnen Arten von Verletzungsfolgen ausführlich zu erörtern. Bei solchen Erwägungen ist außer der Dignität der betreffenden Nervensymptome und der Art der Verletzungsfolgen auch immer die Einwirkung dieser Zustände auf die Gesamtperson des Verletzten zu berücksichtigen.

Blasen- und Mastdarmstörungen infolge von Erkrankungen des Nervensystems bedeuten eine Gefahr bei bettlägerigen

Schwerverletzten, Störungen der Herz- und Atmungstätigkeit Gefahr bei operativen Eingriffen und Narkosen, Bewußtseins- und psychische Veränderungen die Gefahr von Störungen der Heilung bzw. Behandlung.

Bei Neuritiden sind Schmerzen, Parästhesien, motorische Reizerscheinungen und besonders Paresen bzw. Lähmungen, ferner Ataxie, vasomotorische, sekretorische und trophische Störungen eine Quelle von Gefahren für Unfallfolgen.

Lähmungen, Krämpfe und Neuralgien im Gebiet peripherer Nerven sind geeignet, namentlich die Heilung von Extremitätenverletzungen zu verzögern. Neuralgische Schmerzen sind bekanntlich zuweilen sehr intensiv und führen auch zu einer Beeinträchtigung des allgemeinen Kräftezustandes. Alle diese Komplikationen verschlimmern den Einfluß von Unfallfolgen auf die Erwerbsfähigkeit.

Die genannten Gefahren gelten auch für die Erkrankungen des Rückenmarks, auf deren einzelne Formen hier nicht näher eingegangen werden kann, und für die Erkrankungen des Gehirns, welche ganz besonders auch durch psychische, Bewußtseins- und Gleichgewichtsstörungen die Heilung von Unfallfolgen verzögern und deren Abschätzung bezüglich der Erwerbsminderung beeinflussen können.

Geisteskrankheiten aller Art erschweren die Behandlung und Heilung von Unfallfolgen, weil vielfach durch sie der Wille zur Gesundung verlorengeht. Auch absichtliche Verschlimmerungen von Unfallfolgen sind bei Geisteskrankheit häufig.

Neurosen und ähnliche Erkrankungen. Die Neurosen des vegetativen Systems, die endogene konstitutionelle Nervosität und die vasomotorisch-trophischen Neurosen haben für unsere Betrachtungen geringere Bedeutung. Nur die symmetrische Gangrän (*Raynaud*sche Krankheit), das akute, angioneurotische Ödem und der Hydrops articulorum intermittens können entsprechende Verletzungsfolgen komplizieren. Die extrapyramidalen Bewegungsstörungen, Chorea, Myotonia congenita sind von Bedeutung, weil sie die Heilung bzw. die Bewegungs- und Übungsbehandlung von Verletzungsfolgen erheblich stören können. Das gleiche gilt von der Tickkrankheit und der Epilepsie. Hysterie, Psychopathie und Psychoneurosen erfordern eine strenge Abgrenzung gegenüber Unfallfolgen, sind aber geeignet, die Genesung Unfallverletzter zu erschweren und zu verlangsamen.

Augen- und Ohrenkrankheiten. Augen- und Ohrenkrankheiten können die Behandlung und Heilung von Verletzungsfolgen durch ihren Einfluß auf den allgemeinen Körperzustand und Herabsetzung des Seh- oder Hörvermögens erschweren. Zuweilen verhindern sie auch eine ausreichende Übungsbehandlung nach Verletzungen. Die Bedeutung vorhergehender Augen- oder Ohrenerkrankungen als einer Erkrankung des paarigen Organs für die Abschätzung von Unfallfolgen am anderen Auge oder Ohr ist an anderer Stelle erörtert.

Geschlechts- und Hautkrankheiten. Die Gonorrhöe ist insofern von Bedeutung für die Heilung von Verletzungsfolgen, als sie vielfach die Beweglichkeit behindert und die Gefahr monartikulärer Erkrankungen mit ihren Folgen für Verletzungen im selben oder korrespondierenden Gelenk mit sich bringt.

Die Syphilis verschlechtert bekanntlich die Lebenserwartung nicht unerheblich, setzt die allgemeine und lokale Widerstandsfähigkeit herab und bedeutet dadurch eine Gefahr für Unfallverletzungen und eine Verschlimmerung ihres Einflusses auf die Erwerbsfähigkeit.

Hautkrankheiten sind in der Regel ohne große Bedeutung für die Abschätzung von Unfallfolgen. Schmerzhaftigkeit, starker Juckreiz, Infektiosität, ungünstige Beeinflussung des allgemeinen Kräftezustandes und der Psyche kommen hier als gefahrerhöhende und die Erwerbsbeschränkung verschlimmernde Faktoren in Betracht.

Schlußwort.

Die vorliegenden Erörterungen sind nur ein Versuch, in die schwierigen Fragen unseres Themas einiges Licht zu bringen. Sie möchten, da eine erschöpfende Darstellung nicht möglich ist, dem ärztlichen Gutachter nur einen Anhalt bieten, in welcher Richtung sich die Untersuchungen und Beurteilungen von Unfallfolgen bewegen sollen. Je besser klinisch ausgebildet der ärztliche Gutachter ist, je besser er die versicherungsgesetzlichen Bestimmungen, Begriffsbestimmungen, die einschlägige Rechtsprechung und Kommentierung kennt, um so besser wird er seine hohe Aufgabe, Gehilfe der Rechtsfindung zu sein, erfüllen und damit dem Kranken, dem Versicherungsträger und der Allgemeinheit dienen.

Allgemeine und spezielle chirurgische
Operationslehre

Von

Professor Dr. **Martin Kirschner**
Direktor der chirurgischen Klinik der Universität Heidelberg

Dritter Band / Erster Teil

Die Eingriffe am Gehirnschädel, Gehirn, Gesicht, Gesichtsschädel, an der Wirbelsäule und am Rückenmark

Von

Professor Dr. **N. Guleke**　　　Professor Dr. **O. Kleinschmidt**
Direktor der Chirurgischen Universitätsklinik Jena　　　Direktor der chirurgischen Klinik der Städtischen Krankenanstalten Wiesbaden

Mit 979 zum großen Teil farbigen Abbildungen. XII, 1058 Seiten. 1935

RM 189.—; gebunden RM 198.—

Inhaltsübersicht: **Die Eingriffe am Gehirnschädel und Gehirn.** Von Professor Dr. N. Guleke, Jena. — Einleitung. — Die Hirntopographie. — Die Eingriffe bei Verletzungen des Hirnschädels und Gehirnes. — Die Eingriffe bei in der Schädelhöhle auftretenden Blutungen. — Die Eingriffe beim Hirnvorfall, bei eitriger Hirnhautentzündung, bei Hirnabszessen, bei fortschreitender Hirnerweichung, bei Sinusthrombose. — Die Entfernung von Fremdkörpern aus dem Gehirn. — Die Eingriffe bei Pneumatozele und Pneumozephalus. — Der plastische Verschluß von Schädel-, Hirnhaut- und Hirnlücken. — Die Schädeldachverkleinerung (Guleke). — Die Eingriffe bei angeborenen und erworbenen Schädelverbildungen und -erkrankungen. — Die Eingriffe an den Liquorräumen des Gehirnes. — Die diagnostische Hirnpunktion nach Neisser-Pollack. — Die Trepanation. — Die Entlastungstrepanation. — Die Eingriffe bei Großhirngeschwülsten, bei Geschwülsten und Zysten der hinteren Schädelgrube, am Hirnstamm, an der Hypophyse und am Hypophysenstiel. — Das Aus- und Unterschneiden der primär krampfenden Zentren. — Die Eingriffe am Ganglion Gasseri und an der sensiblen Trigeminuswurzel. — Die Freilegung des Ganglion geniculi nervi facialis. — Die Durchschneidung des N. glossopharyngeus in der hinteren Schädelgrube. — **Die Eingriffe am Gesicht und am Gesichtsschädel.** Von Professor Dr. O. Kleinschmidt, Wiesbaden. (Die mit * bezeichneten Kapitel sind von Professor Dr. N. Guleke, Jena, bearbeitet.) Anatomische Vorbereitungen und Beziehungen zu den plastischen und kosmetischen Eingriffen im Gesicht und am Gesichtsschädel. Die Eingriffe an den Augenlidern und den Augenbrauen. — Die chirurgisch wichtigsten Augenoperationen*. — Die Eingriffe an der Stirn, an den Schläfen, an den Wangen, an der äußeren Nase, an den Lippen, am Gaumen, an den Kiefern und an den Zähnen, an der Zunge und am Mundboden, am Kinn, an den Speicheldrüsen, an der Ohrmuschel, an den Ästen des N. trigeminus*, am N. facialis. **Die Eingriffe an der Wirbelsäule und am Rückenmark.** Von Professor Dr. N. Guleke, Jena. — Chirurgische Anatomie der Wirbelsäule und des Rückenmarkes. — Die Punktion des spinalen Subarachnoidalraumes. — Die Eingriffe bei den Spaltbildungen am Rückenmark und an der Wirbelsäule. — Die Freilegung des Wirbelkörpers. — Die Henle-Albeesche Operation. — Die Laminektomie. — Die Eingriffe bei außerhalb der harten Hirnhaut gelegenen Geschwülsten, bei innerhalb der harten Hirnhaut gelegenen Geschwülsten. — Die Wurzeldurchschneidung (Rhizotomie). — Die Durchtrennung der Vorderseitenstrangbahnen des Rückenmarkes (Chordotomie). **Nachtrag zu dem Abschnitt: Die Eingriffe am Gehirnschädel und Gehirn.** Von Professor Dr. N. Guleke, Jena. — **Sachverzeichnis.**

VERLAG VON JULIUS SPRINGER IN BERLIN

If you have any concerns about our products,
you can contact us on
ProductSafety@springernature.com
In case Publisher is established outside the EU,
the EU authorized representative is:
**Springer Nature Customer Service Center GmbH
Europaplatz 3, 69115 Heidelberg, Germany**

Printed by Libri Plureos GmbH
in Hamburg, Germany